AF389930

HISTOIRE

DU

MÈTRE ET DE SES ACCESSOIRES,

DISCUTÉE PAR CONFÉRENCES

EXPRIMANT DES OBSERVATIONS NEUVES SUR LES MESURES
MODERNES ET SUR LE CALCUL DÉCIMAL,

à l'usage

DES ÉCOLES PRIMAIRES, DES PENSIONS ET DES ÉCOLES D'ADULTES,

PAR JEAN QUÉNET,

Curé de Trépail (Marne), près Reims.

SAINTE-MÉNEHOULD,

CHEZ POIGNÉE-DARNAULD, IMPRIMEUR-LIBRAIRE.

DÉCEMBRE 1844.

J'ai examiné avec soin ce manuscrit, et je n'hésite pas à dire que la publication qui en serait faite, pourrait être très utile partout, et particulièrement dans les campagnes, où la connaissance du système métrique est loin enco re d'être générale. Et puis il importerait que les Adultes qui fréquentent, en hiver, les Écoles *dites du soir*, eussent un ouvrage clair, élémentaire, qui pût servir de texte aux leçons du maître sur cette matière.

Cet ouvrage, qui me semble offrir toute la clarté et toute la simplicité désirables (à quelques longueurs près), serait donc d'un placement facile, puisqu'il répond à un besoin; et la plupart des instituteurs, sans nul doute, le recommanderaient à leurs élèves.

BARA,

Ancien Sous-Inspecteur de l'Instruction primaire, Directeur de l'École Supérieure de Châlons.

Châlons, 28 octobre 1845.

AVERTISSEMENT.

Voici un excellent moyen de propager le système métrique; des exercices publics sur cette matière; des discussions, des dissertations sur l'histoire du mètre et les modifications qu'il subit. Ce ne sont pas ici seulement des entretiens, des dialogues; mais des conférences animées, actives et tenant du drame.

Elles peuvent trouver place dans un cercle de société, dans la circonstance d'une distribution de prix; elles peuvent servir de préambule à une inspection d'école : aussi est-ce à des examens de ce genre qu'elles doivent leur origine. Elles sont faites pour servir, dans une espèce d'école d'adultes, de leçons intéressantes, auxquelles assisteraient bon nombre d'amateurs qui n'auraient qu'à prêter leur attention.

Comme dans les campagnes qui forment le plus grand nombre des communes, les deux sexes sont pour l'ordinaire sous la direction d'un même maître, ces leçons publiques sont réparties entre de jeunes adolescents et de jeunes adolescentes qui les trouveront placées alternativement, de manière que celles-ci n'aient guère en partage que les sous-divisions avec les faibles mesures, et ceux-là les fortes mesures avec les multiples ; mais quelques retranchements, quelques légers changements dans le texte peuvent les adapter aux uns et aux autres.

Il s'agit ici de donner des leçons sérieuses avec enjouement. instruire par forme de récréation, c'est le but qu'on tâche d'atteindre dans ces conférences qui sont moins faites pour être lues que pour être mises en action.

Elles ne sont qu'au nombre de six ; mais formant sur le même sujet autant de traités isolés et se trouvant partagées en deux ou trois sections, le nombre en paraît plus que double. Dans chacune le système entier est parcouru diversement et de telle sorte, que ce qui semble une répétition est un expédient nouveau pour assurer l'intelligence d'un point déjà discuté.

Afin de saisir et de présenter nettement les démonstrations métriques, on se munira autant que possible de quelques petits appareils, tels que le mètre simple, une forme de mètre carré, une autre d'un mètre cube et principalement d'un décistère ; celui-ci peut n'être qu'un carré en bois de dix centimètres de côté et d'un centimètre d'épaisseur. Sa surface représentera le mètre carré, l'are et l'hectare, à volonté ; et considéré dans son décuple, il facilite avec autant de succès que d'agrément la conception fructueuse du stère dans toutes ses parties ; au point qu'avec une réflexion prolongée on peut voir des yeux la formation des puissances, l'extraction des racines et le mécanisme des opérations du calcul.

Un instituteur trouvera dans ces entretiens un auxiliaire énergique pour l'éducation de ses élèves et peut en tirer parti pour la satisfaction personnelle des habitants de son district. Les enfants apprennent aisément des leçons récréatives dont ils sentent qu'ils réjouiront une assemblée de spectateurs intéressés à les voir et à les entendre. Mais si les bénévoles auditeurs n'ont pas compris tout ce qu'ils ont entendu dans une première action récitative, ce sera du moins une annonce qui leur donnera l'éveil pour s'en occuper à loisir, pour en parler, pour en souhaiter une réitération opportune et se procurer le petit livre qui contient des choses si curieuses et d'un si véritable intérêt.

CONFÉRENCES

LE SYSTÈME MÉTRIQUE.

PREMIÈRE PARTIE.

INTERLOCUTEURS :

ANDERSON, BÉQUÈRE, CONDAMINE, DIODACE,
EUCLIN, FLOCET.

Béquère tient un mètre.

EUCLIN. — Que tenez-vous à la main, Béquère?

BÉQUÈRE. — La quarante-millionième partie d'un
tour du monde.

EUCLIN. — Rêvez-vous? plaisantez-vous? que voulez-vous dire?

BÉQUÈRE. — Je ne rêve pas, je ne plaisante pas,
je parle sérieusement, et je veux dire que quarante
millions de fois cette longueur-ci est celle d'un circuit
de notre globe.

CONDAMINE. — Je vous entends, moi. Une corde
allongée comme vous dites entourerait la terre.

FLOCET. — Oh! les singuliers propos! Long comme cela entourerait la terre ! Ça se peut-il ? Que sait-on de ce que ces messieurs nous mettent en avant ?

EUCLIN. — Oui, qu'en sait-on ?

ANDERSON. — On vous le dira quand vous saurez quelque chose de plus nécessaire à savoir.

DIODACE. — Eh bien ! que prétend notre ami Béquère avec sa petite tringle ?

BÉQUÈRE. — Apprenez les égards que vous devez à cette règle admirable. Avec elle je puis connaître les longueurs et les distances, évaluer les terrains et les surfaces, apprécier tout monceau de matière quelconque et les creux de même forme, les contenants et les contenus, et, en conséquence de l'estimation de ces mesures, estimer les pesanteurs.

DIODACE. — Allons ! je le vois, vous allez trouver la pierre philosophale.

CONDAMINE. — Encore un peu, vous convertiriez le bois, la pierre et le plomb en argent et en or.

FLOCET. — C'est la baguette de Jacob, qui, d'un seul coup, va produire des quantités de monnaie d'or et d'argent.

BÉQUÈRE. — Vos moqueries ne sont pas si loin du vrai que vous pensez. Je ne me vante pas de convertir les matières les plus communes aux plus précieuses ; mais au moins je puis de cet instrument si simple, fixer les dimensions des pièces de monnaie, soit de cuivre ou de billon, soit d'argent, soit d'or, et de telle sorte qu'elles fournissent à tout le monde, au besoin, des poids et des mesures.

EUCLIN. — Si vous faites ce que vous annoncez, vous êtes un habile homme.

FLOCET. — La vue en serait merveilleuse.

BÉQUÈRE. — Vous l'aurez, si vous voulez, sans qu'il vous en coûte.

ANDERSON. — Béquère n'est pas le seul qui peut faire voir l'utilité de cette importante longueur. Elle doit être l'unité fondamentale de l'appréciation des étendues et des volumes, et non moins des pesanteurs. Aussi l'appelle-t-on mètre; c'est-à-dire, mesure, par excellence. Il est réel que les pièces de cuivre, d'or, et d'argent monnaiées en proviennent pour la forme et pour le poids. Tout degré de mesure pesante doit donc aussi en provenir, ainsi que les mesures de contenance. Il est aisé de mesurer, suivant ce modèle qu'on vous présente, les solides et les superficies; à plus forte raison les lignes et les intervalles.

DIODACE. — A ce compte là, il faudrait avoir recours à vous pour peser les denrées, pour mesurer les grains et les boissons; pour évaluer un volume de pierre ou de bois, pour mesurer les champs et les chemins, et généralement, toutes les longueurs, les largeurs et les hauteurs.

FLOCET. — On n'a pas attendu après eux pour avoir de quoi mesurer et peser tous les objets à l'usage de la vie.

EUCLIN. — On a toujours eu des poids et des mesures de toutes les manières et de toutes sortes de noms. Assurément on n'en manquait pas.

CONDAMINE. — En cela vous dites vrai, on n'en manquait pas; car on en avait tant qu'on en était embarrassé. Autant de provinces, autant de diverses dénominations pour les mesures. Avec ce grand nombre et cette diversité, deux arrondissements contigus étaient étrangers entre eux.

DIODACE. — Bien pis. Deux villages voisins l'un de l'autre ne s'entendaient pas; si c'étaient les mêmes noms, ce n'étaient pas les mêmes longueurs, ni les mêmes étendues, ni les mêmes quantités. Sans parler ni de la gaule, ni de la palme, ni de la canne, la toise n'avait pas partout le même nombre de pieds, et l'aune avait plus de douze valeurs defférentes.

FLOCET. — Mais au moins quand il s'agit de terrain,

et qu'on ne parle ni de journels, ni de sétérée, ni de fauchée, ni de mancaudée; qu'on dit : arpent, chacun connait ce que c'est.

Béquère. — Oui, vraiment chacun le connait bien. Les arpents se composent de 8, 7, 9, 8 danrées et demie, de 64, de 80, de 84, de 93, 94, 96, de 100 verges, ou même de 140, ou 120, ou 106 deux tiers; ou encore de 4, de 5 quartels, de 16 boisseaux.

Flocet. — Mais les perches et les verges sont toujours les verges ou les perches; en en déterminant le nombre, on détermine de même l'arpent.

Anderson. — Belle détermination! Les perches varient de 8 pieds, de 8 pieds 2 pouces ou 4 jusqu'à 20 pieds. Telles verges avaient 18 pieds, ou 16 pieds 8 pouces, ou 19 pieds; telles autres en avaient 20 ou 20 pieds 5 pouces. Ici elles avaient 22 pieds, là 24, ailleurs 22 et demi ou même 22 plus 10 pouces deux tiers.

Euclin. — Les pieds au moins sont toujours les pieds.

Anderson. — Quels pieds encore? Si l'on vous en parle, vous croirez qu'ils sont de 12 pouces et cela n'est pas. On voudra exprimer des 11 pouces, des 11 pouces et demi ou deux tiers, des 10 pouces deux cinquièmes, des 10 pouces un huitième.

Euclin. — Soit, pour ces mesures des champs, je n'y tiens pas. Mais pour les contenances, bouteilles, pintes, caque, boisseau, quartel, setier, muid; et pour les poids, livre, ça ne va-t-il pas bien à dire?

Béquère. — Fort bien dans votre bouche; mais il ne s'agit pas de ce qui va bien à dire, il s'agit de mesures égales pour toutes les provinces, et vos voisins ne sauront ce qu'ils doivent entendre aux vôtres: Vous parlez, pour les poids, de livres. Est-ce de 16 onces, de 18, ou de 24? Et puis, voilà des boisseaux, des quartels, des setiers comme dans les mesures agraires. Ces mêmes voisins, à leur tour, vous parleront de bichets, de minots, de salmées d'émines, de pougnadières; ce sera pour vous de l'allemand, et voilà des français qui ne s'entendent pas dans leur propre langue. Après cela voulez-vous rappeler encore d'autres mesures anciennes?

EUCLIN. — Il m'est inutile de vous rappeler la corde pour les bois à brûler, l'anneau, la voie; et puisque le pied même est variable, et que toutes ces mesures anciennes n'ont rien de fixe, faites-en ce qu'il vous plaira.

ANDERSON. — Vous sentez donc bien que ce grand nombre, cette étrange diversité de mesures, en nécessitait l'abolition.

FLOCET. — Mais aussi il fallait les remplacer.

BÉQUÈRE. — Et que c'est justement parce qu'il y en avait tant, qu'il en fallait d'autres.

FLOCET. — Comment les avez-vous remplacées?

BÉQUÈRE. — Par le mètre que voici. Seul il produit toutes les autres mesures.

FLOCET. — Fallait-il, pour avoir ce petit échantillon, aller d'un bout à l'autre du monde?

BÉQUÈRE. — Je ne vous ai pas parlé d'avoir, pour l'obtenir, été jusqu'à un, ni deux bouts du monde. Ce qui est rond comme une boule, n'a ni un, ni deux bouts. Vous en chercheriez un en allant en ligne directe et toujours avançant; vous finiriez par vous retrouver au lieu d'où vous êtes parti.

FLOCET. — Voilà ce qui passe mes conceptions.

BÉQUÈRE. — Tous les ans nombre de voyageurs font ce circuit.

EUCLIN. — Et vous, sans doute vous avez toujours été en ligne directe comme eux, et vous avez fini par vous retrouver au lieu d'où vous êtes parti, et à votre retour, vous avez taillé ce joli bâton, pour vous dire : Voici la quarante millionième partie d'un tour du monde.

Flocet. — C'est d'aventure qu'il n'ait pas ajouté : Si vous ne voulez pas me croire, mesurez-le.

Béquère. Je me garderais bien d'une ironie aussi déplacée, et je sais fort bien que nul d'entre nous n'est capable d'un si profond travail, ce sont des savants de plusieurs nations qui l'ont exécuté.

Diodace. — Ah ! ils ont fait le tour du monde en ligne directe, ces savants-là, ayant soin de bien calculer la longueur du chemin qu'ils traçaient.

Anderson. — Il n'était pas nécessaire, pour leur dessein, de suivre en entier un grand cercle du globe terrestre, il leur suffisait de s'assurer de la mesure du quart.

Diodace. — Eh ! le quart du tour de la terre ! où commence-t-il ce quart, où finit-il ? concevez-vous cela, Condamine ?

Condamine. — Ces savants hommes n'auront sans doute pas été d'Orient en Occident, mais du Midi au Nord.

Diodace. — Encore le même embarras.

Condamine. — Ignare prévention. En ce sens, le commencement et la fin de ce quart sont marqués sur le méridien terrestre, par l'équateur et par le pôle arctique.

Diodace. — Tiens ! où pouvez-vous avoir été pêcher ces nouveaux mots-là.

Condamine. — Ils ne sont pas nouveaux, et vous devriez les connaître aussi bien que moi.

Diodace. — Mais aussi, sont-ils recevables ? dites-moi un peu, Anderson.

Anderson. — Certainement, ils sont recevables et ne sont pas ici déplacés. Ils sont exacts, et vous ferez bien de vous en instruire, tant pour connaître la science d'où ils sont tirés, que pour affermir l'intérêt que vous devez au premier type des seules mesures admissibles.

DIODACE. — Je profiterai de votre avis.

EUCLIN. — Cependant, je considère que ce sont ces savants messieurs qui ont mesuré le quartier nord du... comment dites-vous déjà ?

ANDERSON. — Vous paraissez aller de pair avec Diodace... Méridien.

EUCLIN. — Le quartier nord du méridien, et qui, au bout du compte, ont montré cette petite longueur que vous appelez *mètre*.

BÉQUÈRE. — Vous reconnaissez donc maintenant que je ne l'ai pas déterminée de mon chef, et que le mètre n'a pas été fait au hasard.

EUCLIN. — Je le reconnais ; mais je vois aussi que vous nous offrez seulement le résultat de ces messieurs les profonds mesureurs. Est-il absolument exact, cependant ? Est-il bien précisément une des quarante millions de parties égales du tour du monde ? c'est ce que je veux bien croire.

BÉQUÈRE. — On nous dit que cet important résultat est précis, qu'il mérite confiance, et que fut-il possible qu'il vînt à disparaître, la ligne d'où on l'a pris est toujours là, et qu'on le retrouverait comme on a su le trouver.

FLOCET. — Je vois bien aussi que vous aimez mieux le croire que d'y aller voir.

DIODACE. — C'est, je pense, le parti le plus sage.

ANDERSON. — Il suffit que le mètre, ce prototype de toutes les mesures, soit fixé sous une matière inaltérable, et déposé plutôt deux fois qu'une aux archives nationales.

CONDAMINE. — Elle est trop courte.

ANDERSON. — Quoi ! qu'appelez-vous trop courte ?

CONDAMINE. — Votre mesure universelle, il faut des chiffres tant et plus, des nombres épouvantables pour exprimer la longueur des chemins , il faut des cent mille , des millions , pour désigner ce qui s'entend si bien par un 9 et trois zéros ; neuf mille lieues seulement pour la circonférence de la terre. Mais des quarante millions d'unités ! autant être obligé de dire combien il y a de pouces d'ici à Rome.

ANDERSON. — Messieurs , j'en appelle à votre jugement. Ne convient-il pas qu'il n'y ait qu'une mesure unique d'où toutes les autres, tant au-dessus qu'au-dessous , prennent leur origine.

PLUSIEURS. — Rien de plus convenable, rien de plus commode et de plus satisfaisant !

ANDERSON. — N'avons-nous pas besoin de mesurer quelque objet de faibles dimensions, une chaussure, une brique, un pavé, un carreau de vitre ?

BÉQUÈRE. — Une étroite lucarne, le fond intérieur du moindre vase?

EUCLIN. Il est trop grand.

CONDAMINE. — Quoi ! de quel objet parlez-vous ?

EUCLIN. — Du mètre donc , qui est sur le tapis.

CONDAMINE. — Et vous dites qu'il est trop grand ?

EUCLIN. — Oui...

CONDAMINE. — La longueur de la toise n'aurait-elle pas été préférable?

DIODACE. — Là , il ne semble pas qu'il y ait déjà une si énorme différence entre l'un et l'autre.

EUCLIN. — Voyons un peu. (*Il prend un pied de roi*). C'est cela qu'il faudrait plutôt.

CONDAMINE. — Votre pied de roi est plus éloigné du mètre que ma toise.

EUCLIN. — Voyons au juste. (*Appliquant le pied de roi sur le mètre*). Un , deux , trois pieds.

BÉQUÈRE. — Trois pieds 11 lignes 296 millièmes de ligne.

FLOCET. — Oh ! le laid compte que cela fait ! ou

n'a eu guère de cœur de ne pas achever la ligne, on aurait achevé le pouce.

ANDERSON. — Les fondateurs du mètre ne se sont guère inquiétés ni de votre pouce, ni de votre ligne.

FLOCET. — Des onze lignes, des deux cent quatre-vingt-seize millièmes de ligne ! ça jure.

ANDERSON. — Eh bien ! supprimez-les. Aussi est-ce bien ce qu'on vous demande. Qu'il n'en soit plus question, et ça ne jurera plus.

Nota. Avoir soin que les interlocuteurs s'énoncent lentement, distinctement, et fassent les inflexions de voix d'une conversation énergique.

IIᵉ PARTIE DE LA Iʳᵉ CONFÉRENCE.

(Mêmes interlocuteurs).

DIODACE. — Si l'on retranchait du mètre 11 lignes 296 millièmes, alors le mètre aurait 3 pieds juste, et comme ce serait précisément la moitié d'une toise, le différent se trouvant coupé en deux avec les partisans de l'ancien pied, chacun devrait être content.

CONDAMINE. — Si ce tempérament vous accommodait, vous saurez que tous ne s'en accommoderaient pas. J'aimerais mieux, pour la longueur du mètre, la longueur de la toise entière que de la moitié.

EUCLIN. — Votre toise est trop longue pour être le centre de l'universalité des mesures.

CONDAMINE. — Et votre pied serait-il mieux ce centre?

EUCLIN. — Pourquoi pas? il est plus portatif et plus facile à manier ; et il a toujours été d'un service plus fréquent qu'une règle plus haute qu'un homme.

CONDAMINE. — Votre pied, plus facile à manier !

il me semble que, pour prendre les dimensions d'un parquet ou d'un mur, vous me présentiez une épingle ou un clou.

BÉQUÈRE. — Votre discussion me paraît bien vaine. Ni le pied, ni la toise, ne saurait être ici un modèle fixe comme une des parties égales et satisfaisantes d'une ligne invariable de notre globe.

ECCLIN. — Qui vous empêcherait de faire votre mètre un tiers plus court ?

CONDAMINE. — Qui vous empêcherait de le faire une fois plus long ?

DIODACE. — Ces deux propositions ne me semblent pas dépourvues de sens. Dans l'un et l'autre cas, le mètre serait toujours une portion fixe d'une dimension de la terre.

ANDERSON. — Depuis assez longtemps cette discussion se prolonge. Il est temps d'y mettre un terme. Une voix unanime se fait entendre pour applaudir à la fixation d'un type générateur de toutes les mesures. Les uns le veulent approchant de l'ancienne toise, les autres, de l'ancien pied ; qu'en décidons-nous ?

PLUSIEURS. — Le milieu : c'est le mètre tel qu'il nous est offert.

ANDERSON. — Mais les uns le trouvent trop court, et les autres trop long.

PLUSIEURS. — C'est une preuve qu'il est ce qu'il doit être.

ANDERSON. — Vous l'entendez, Condamine et Ecclin ; cette décision peut-elle être mieux fondée ?

CONDAMINE. — Ah ! messieurs, fondée comme il vous plaît. Mais la mienne n'est pas non plus sans fondement raisonnable. Car je tiens que le premier mouvement de l'homme étant de marcher, la progression lui est nécessaire. Il a dû avoir besoin d'en exprimer la mesure, et vous conviendrez que, pour cet effet, une mesure plus longue donne un résultat plus simple, sauf à la diviser plus ou moins pour d'autres usages.

Béquère. — Vous alléguez la progression ou la marche, ou les voyages, pour arrêter la longueur de la ligne primordiale des mesures, et l'utiliser davantage ; certes, je m'en réjouis fort, et je vous en applaudis d'autant plus, que c'est par de longs voyages qu'on l'a trouvée. Ce motif nous favorise plus que vous. Un bâton est volontiers un compagnon de marche et de voyage. Voyez si le vrai mètre ne peut pas en être la hauteur.

Condamine. — (*En faisant l'épreuve*). Je n'en disconviens pas.

Flocet. — Mais, que vous aurez bonne grâce à voyager, en tenant à la main votre perche qui déborderait de deux têtes au-dessus de la vôtre.

Condamine. — Je ne m'en servirais que pour mesurer une direction, et vous avouerez que ma longueur m'exempterait d'une double apposition qu'exige l'autre. Je me baisserais et je me relèverais une fois moins qu'un porteur de ce petit mètre.

Béquère. — Vous n'y entendez rien. Je puis me dispenser, pour mesurer une longue distance, d'étendre si fréquemment mon mètre à terre. Voyez encore (*Le couchant par terre.*) Il forme un pas.

Evelin. — (*Essayant de même.*) Oui, un pas, mais il n'est pas menu.

Flocet. — Eh bien ! il peut apprendre à marcher bon pas.

Condamine. — Mais aussi ma mesure étant le double de celle-ci, elle me donnera un nombre simplifié de moitié.

Anderson. — Cela ne vous ferait pas enjamber double et vous embarrasserait plus que notre unité plus simple. Vous êtes obligé de diviser par 2 le nombre de vos pas.

Condamine. — Quelle difficulté ? c'est la moitié

d'un nombre à prendre. Qu'est-il de plus aisé ?

Anderson. — C'est de ne pas même avoir à prendre cette moitié, avantage dont vous voudriez vous priver. Je suppose qu'au bout de votre marche, vous ayez compté 1255 pas. Certainement, il est plus aisé de prendre ce nombre tel qu'il est, que de le diviser en deux. Avec notre mesure, 2255 pas soignés, font 1255 mètres.

Diodace. — Je doute fort cependant que vous ayiez assez de confiance à ces enjambées, pour les employer au mesurage d'un terrain précieux, ou pour obtenir la connaissance précise d'une distance. Votre unité métrique étant le double de ce que vous la faites, outre qu'elle serait moins minutieuse, elle serait encore moins sujette à erreur.

Béquère. — Oh ! ne prétendez pas nous donner des regrets pour un prolongement à l'unité génératrice. Elle affecte une compagnie de dix, et au lieu de ne l'avoir que double, nous l'avons décuple. A notre volonté, elle devient un décamètre, c'est-à-dire dix mètres. Dix semblables séries forment ce que nous appelons hectomètre. Et dix fois ce dernier, s'appelle kilomètre.

Euclin. — Cette nomenclature est pour moi une matière d'étude et demanderait une répétition.

Béquère. — Ce ne sont ici que trois termes à retenir : déca ; hecto ; kilo.

Diodace. — Je comprends. Déca, 10 ; hecto, 100 ; kilo, 1000.

Euclin. Voyons si je les répéterais bien après vous : déca... et puis...

Condamine. — Déca ; hecto ; kilo ; et le mot mètre à la suite de chacun.

Diodace. — Décamètre ; hectomètre ; kilomètre.

Anderson. — D'après ces notions, vous exprimerez

bien en le décomposant le nombre 1235, cité précédemment comme exemple.

DIODACE. — 12 kilomètres, 35 mètres.

CONDAMINE. — Ce n'est pas cela. 1 kilomètre ; 2 hectomètres ; 3 décamètres ; 5 mètres.

DIODACE. — La dixaine plus haut a-t-elle aussi sa dénomination ?

ANDERSON. — Elle forme des myriamètres.

DIODACE. — Myriamètres !...

CONDAMINE. — Myria, 10 fois kilo. J'en aperçois la valeur : kilo ; mille ; myria ; 10 mille ; myriamètre, 10 mille mètres.

FLOCET. — C'est au moins de l'hébreu, tout cela.

BÉQUÈRE. — Non, c'est du grec.

FLOCET. — Voyons donc si je serai grec. Déca, hecto...

EUCLIN. — Ah ! vous n'êtes pas encore grand grec. Déca, hecto, kilo..., kilomètre..., après cela.

FLOCET. — Ah ! vous n'êtes pas encore grand grec non plus.

EUCLIN. — Comment donc déjà ce singulier dernier mot ?

DIODACE. — Myriamètre.

EUCLIN. — Pour abréger, vous nous donnez des mots longs de cinq toises.

FLOCET. — N'est-on pas excusable d'y perdre la tramontane ?

BÉQUÈRE. — Espérez la recouvrer par un aperçu dans les autres classes de mesures. D'abord dans les surfaces.

CONDAMINE. — Je sais déjà bien que l'are en est l'unité.

ANDERSON. — Elle se distingue, cette classe de mesure, par la considération d'un nombre de mètres en deux sens, longueur, largeur. L'are n'est que pour les terrains, pour toute autre étendue superficielle ;

c'est le mètre carré qui, dans les mesures qu'on appelle agraires ou des champs, est un centiare.

Diodace. — J'ai entendu parler d'hectare.

Euclin. — J'ai l'idée que ces deux là sont l'opposé l'un de l'autre ; que l'hectare est 100 fois plus que l'are, et le centiare, par conséquent, 100 fois moins.

Béquèru. Votre idée n'est pas trompeuse, mais n'éprouvez à donner à leur unité centrale, ni d'autres multiples, ni d'autres subdivisions, vos tentatives seraient à pure perte.

Flocet. — N'ayez pas peur pour moi que je m'expose à cette corvée, puisque je me perds dans vos multiples des longueurs. A la bonne heure pour vos surfaces, elles sont encore passables.

Diodace. — Dans elles, point de myria, n'est-il pas vrai ? point de kilo, point de déca : hectare seulement.

Condamine. — Le centi, suivi de are, pouvait faire craindre un déci, un milli, mais point : centiare, et c'est tout.

Flocet. — Je ne craignais ni le milli, ni le déci, vu qu'il n'en a pas été question dans les longueurs.

Condamine. — C'est qu'il n'est pas venu à tour d'en parler ; car avec le centimètre, il y a le déci et le millimètre.

Euclin. — Mais dans les surfaces, point de ces derniers, ni même de déca.

Anderson. — Ne vous y fiez pas. On vous parlera du décamètre carré, du décimètre carré, du millimètre carré, même. Vous entendez bien que ce n'est pas lorsqu'il s'agira d'évaluation de terres en culture : mais d'espaces qui ne s'élargissent, ni ne s'allongent guère.

Diodace. — Dans les solides, je ne connais que le stère.

Béquère. — La dénomination de stère est affectée spécialement aux bois de chauffage.

Euclin. — J'entrevois dans les solides encore, une autre unité. Car on a bien d'autres solides à mesurer que cette espèce de bois.

Béquère. — Pour ces autres solides, nous avons à notre disposition le mètre cube, des dimensions duquel le stère ne peut différer que dans la forme; si toutefois la forme peut y faire une différence. Les volumes des deux sont égaux.

Flocet. — En ce cas, je m'aperçois que stère et mètre cube sont à peu près, comme on dit, verjus et jus vert. L'un vaut l'autre.

Euclin. — Eprouvons... mètre cube.

Flocet. — Stère.

Euclin. — Souvenons-nous des choses qui ne s'étendent guère. Décimètre cube.

Flocet. — Décistère.

Euclin. — Centimètre cube.

Flocet. — Centistère.

Euclin. — Vous faites donc mon écho.

Flocet. — Nous sommes en unisson.

Euclin. — Millim...

Condamine. — Arrêtez, que faites-vous?

Euclin. — Il me semble que nous faisons une espèce de concert.

Condamine. — Pauvres concertants! vous êtes bien loin de vous accorder. L'un fait entendre millième, l'autre répond dixième, et vous faites coïncider centième avec millionième; qu'aurait-ce été, si je ne vous eusse retenus?

Euclin. — Je ne comprends rien à cela.

Flocet. — Ni moi non plus.

Béquère. — Il n'est pas encore temps de vous en donner l'explication. Mais, en attendant, notez cela dans vos papiers, comme un point dont vous devrez être instruits.

Anderson. — Nous ne faisons aujourd'hui que parcourir les différentes classes de mesures ; seulement pour vous donner une idée de la moisson que vous aurez à recueillir. Jetez donc un coup d'œil sur les capacités et les pesanteurs.

Euclin. — Entrons dans les contenances.

Diodace. — Vous n'entrerez pas dans un litre.

Condamine. — L'un de nous pourrait entrer dans un hectolitre.

Anderson. — Fade plaisanterie pour nommer l'unité de cette espèce de mesure et son centuple. Vous n'ignorez pas sans doute que le décalitre en tient le milieu.

Euclin. — Sans avoir pu apprendre ce que c'est, j'en ai entendu parler, et de même du décilitre et du centilitre.

Flocet. — J'en dirais bien autant.

Béquère. — Je le crois bien ; lorsque ces dénominations font encore vibrer vos oreilles, si vous voulez fournir à notre sujet une part qui soit de vous, nommez-nous d'emblée l'unité des poids, jointe à ses multiples.

Flocet. — Puisqu'il ne doit plus être question, ni de livre, ni d'once, je dirai : kilogramme. Ce nom retentit de tous côtés.

Condamine. — Ce nom ne satisfait pas à la demande qui vous est adressée. Vous deviez le faire précéder du *gramme*, du déca et de l'hectogramme.

Diodace. — Kilogramme les renferme tous trois.

Flocet. — Mais qu'est-ce que tout cela fait ? je n'en sais rien.

Anderson. — Vous l'apprendrez par la suite. Qu'il vous suffise pour le moment de savoir que le gramme est tiré de la longueur du mètre, ainsi que le litre, le stère et l'are. De quelle manière ? c'est ce dont nous nous occuperons en divers temps.

SECONDE CONFÉRENCE.
PREMIÈRE PARTIE.

—

INTERLOCUTEURS :
ALMANE, BADISÈNE, CLASANORE, DANTINE, ERPONE, FRANCINIE.

ERPONE. (*Présentant une baguette*). Voici une unité de mesures générales que je propose à l'usage public, et que je soumets à votre examen.

BADISÈNE. — Si elle est égale au mètre d'ordonnance, vous ne nous offrez rien de nouveau. Si elle en diffère, qu'elle soit dès l'instant même anéantie.

CLASANORE. — Déjà elle paraît plus longue. (*La confrontant au mètre*). Elle l'est effectivement.

BADISÈNE. — Ainsi, n'en parlons plus.

ERPONE. — Quoi! vous refuserez même de m'ouïr en sa défense. Croyez, je vous prie, que je ne suis pas dépourvue de motif pour la protéger.

BADISÈNE. — Non, non; point d'audience. Otez de nos yeux cet objet qui n'est bon qu'à mettre au feu.

ERPONE. — De grâce, entendez mes raisons.

BADISÈNE. — Il est impossible qu'elles soient valables.

ALMANE. Que risquons-nous de les entendre? Elles ne nous fascineront pas les yeux, et sans doute nos réfutations serviront à n'en faire que mieux ressortir la sagesse des fondateurs du véritable mètre, et le prix de ce bienfait. Erpone, vous avez la parole pour votre éphémère cliente.

ERPONE. — Qu'avons-nous besoin d'un bâton de voyage pour en faire notre mesure, et régler nos pas sur sa longueur? cette attitude nous convient-elle? Qu'il serait gracieux, de nous voir appuyées sur un soutien de la hauteur précise de 5 pieds 11 lignes 296 millièmes de ligne, ou d'allonger nos pas selon cette étendue ! Puisqu'on ne veut qu'une mesure primordiale pour enfanter toutes les autres, ne devait-on pas du moins choisir celle de l'usage le plus fréquent. Mais celle qui revient le plus souvent est la mesure de nos bras. Ne pourrait-on pas adopter le mètre à cette double longueur, sinon d'une manière précise du moins approximativement.

FRANCINIE. — Je gage que sa baguette est l'aune ancienne. Elle en a bien l'air.

CLASANORE. — Cette ancienne mesure est proscrite, on ne doit pas même la nommer.

DANTINE. — Je le sais. Aussi je demande deux mètres d'une marchandise, et trois d'une autre : mais quand je viens à les mettre en œuvre, je ne trouve pas mon compte : mon dessein est manqué et mon travail gâté. Cette sorte de méprise en contrarie bien d'autres que moi et dans bien d'autres cas. Ce qui n'arriverait pas, si la mesure voulue n'avait fait que changer de nom.

ALMANE. — Voilà, je pense, une observation que l'on ne s'était pas encore avisé de faire. Les régulateurs du mètre universel ne devaient-ils pas consulter les dames, sur la dimension qu'il devait avoir, pour qu'elles pussent mesurer à leur fantaisie un morceau de dentelle, de tulle ou de ruban.

DANTINE. — Est-ce uniquement pour nous que se font nos mesurages ? Pour qui encore le drap, le cordon, la toile qui ont besoin d'être mesurés ?

ERPONE. — Le chauffage d'une maison nous concerne-t-il uniquement aussi ? Cependant le mètre que l'on nous donne pour mesure de bois de cette destination peut souvent être une source de mécompte et de fraude. Le stère, unité de mesure spéciale au bois de chauffage est, nous dit-on, un mètre en trois sens, longueur, largeur, hauteur. Je le croyais ainsi figuré, mais grande fut ma surprise, quand je le vis allongé, étroit, n'ayant le mètre que sur une ou deux des six faces qui le forment.

CLASANORE. — C'est que la longueur compense la diminution des autres sens.

ERPONE. — Comme la supercherie ou la négligence peuvent se tenir à l'aise dans cette compensation. Le fournisseur vraisemblablement craindra plutôt de l'excéder que de l'affaiblir; et combien peu de consommateurs en sauront faire la vérification.

CLASANORE. — Et votre mesure serait libre de cet inconvénient?

ERPONE. — Sans doute. Le stère qu'elle formerait présentant un cube parfait, il serait aisé de voir s'il porte un mètre en toutes ses dimensions.

CLASANORE. — Je m'aperçois maintenant que vous avez rogné votre baguette selon la longueur d'une bûche.

FRANCINIE. — Hé! le mètre serait fondé sur la vue de nez d'un boquillon, car j'imagine qu'Erpone aura pris la première pièce venue de son bûcher, ou celle qui par hasard occupait son foyer.

ERPONE. — Non pas, s'il vous plaît. Après de mûres considérations, je me suis arrêtée à la mesure qui avoisine les deux plus usitées.

BADISÈNE. — Quelles sont donc ces deux plus usitées, selon vous?

ERPONE. — L'une qui préside aux bois propres à la préparation de notre nourriture, et l'autre qui préside à la confection de nos vêtements. C'est à peu près tout l'entretien de notre existence.

BADISÈNE. — Examinons de plus près cette mesure hasardée. (*Elle y applique le mètre*). 1 mètre + 1 décimètre 5 à 6 centimètres. Environ 45 anciens pouces.

ALMANE. — Nous ne pouvons guère douter que

vous ne vous soyez entendue avec madame la mesureuse de rubans. A vous en croire, l'unité métrique ne devrait être faite que pour des objets de rouennerie et des morceaux de bois coupés à l'embrasure d'une cheminée, comme si c'était là tout ce qu'il y a de plus en usage dans les besoins de la vie; mais avez-vous considéré toutes les classes de mesures et l'infinité d'objets susceptibles d'être soumis au modèle déterminé.

Badisène. — Après les mesures linéaires dont font partie les mesures itinéraires ou des chemins, nous avons les mesures de superficie et agraires, ou des champs; celles de solidité ou cubiques, lesquelles s'emploient bien ailleurs qu'à des bûches.

Dantine. — Cependant nous voyons moins mesurer avec les jambes qu'avec les bras. C'est un fait.

Clasanore. — Mais outre les chemins et les champs, mesurez donc ainsi le faible carré à six pans, qui forme l'unité des mesures de contenance ou de capacité, et le bien moindre encore dont s'évaluent les pesanteurs.

Dantine. — Pour une donneuse de leçons, ce n'est là guère bien raisonner. Outre les dimensions d'une pièce de mousseline ou d'étoffe, mesurez donc aussi, vous, avec vos pas métriques, ces petits vides cubes que vous nous alléguez.

Clasanore. — Le mètre légal a de quoi suffire à tout. Il se multiplie, il se divise par autant de fois 10 que nous voulons; et quand il s'agit d'une mesure précise, nous l'appliquons immédiatement.

Dantine. — Mais celui que je vous propose aurait les mêmes avantages.

Clasanore. — Il est vague et arbitraire, sans origine fixe et vérifiable dans tous les temps.

Dantine. — Et le vôtre n'est ni vague, ni arbitraire dans son origine. Etant déduit de la rondeur de la terre, il est aisé de le vérifier en tout temps.

Clasanore.— Pour établir invariablement ce centre générateur de toutes les mesures, on n'a rien trouvé de plus convenable que cette rotondité terrestre.

Dantine. — Comment? on ne pouvait, dans toute l'étendue de la France, trouver une ligne fixe et à portée d'être examinée, sans un si énorme déplacement.

Clasanore. — Quel objet pensez-vous qu'on eut pu choisir pour obtenir un si important résultat?

Dantine. — Que sais-je, moi? La hauteur d'une colonne fameuse, la base d'un édifice de la plus forte construction.

Clasanore. — Quelque solide que vous le supposiez, on ne saurait s'y fier pour une durée indéfinissable. La nature seule peut garantir cette condition.

Erpone. — Eh bien! la longueur ou la largeur d'un fleuve, d'un lac, d'une plaine, d'une chaine de montagnes, de rochers.

Badisène. — Ma commère, il faut vous purger avec un grain d'ellébore. Est-il rien de plus vague, de plus variable que de pareilles étendues?

Dantine. — Puisqu'on voulait se servir d'une ligne itinéraire, que ne prenait-on la distance entre deux villes remarquables; comme Paris et Rouen, par exemple?

Francinie. — Moi, en votre place, je dirais Paris et Versailles, ça serait encore plus simple.

Dantine. — Soit; et l'intervalle qui sépare ces deux villes, qu'on le divise par un nombre tel que le quotient soit ma ligne, ou à peu près.

Almane. — Quelle confiance pouvait donner pour une fin si délicate et si précise, la position de deux villes? L'une ou l'autre ne peut-elle pas varier de place, ou s'étendre. Et celles dont vous parlez s'étendent tous les jours.

Badisène. — Il y a plus. Qui peut en garantir l'existence pour la durée des siècles ? N'avons-nous pas des exemples de villes célèbres, qui ont été détruites au point que l'on ne sait plus où elles étaient?

Almane. — D'ailleurs, pour compléter le grand dessein que l'on se proposait, la mesure cherchée devait servir pour tous les peuples du monde, avec lesquels nous sommes en relation de négoce. Le globe terrestre, pour cet effet, offrait seul un type universel et satisfaisant.

Erpone. — Mais la terre elle-même est périssable, et nous croyons qu'elle périra.

Clasanore. — Quand elle périra, ses habitants périront aussi ; alors il ne faudra plus de mesure.

Francinie. — Je pense bien qu'une mesure qui durera autant que la terre, c'est assez pour nous.

Erpone. — Vous n'avez qu'à la faire valoir, vous qui l'approuvez si fort.

Francinie. — Moi, j'irai comme des personnes plus méritantes que vous, me conduiront ; je ne suis pas assez présomptueuse, pour croire mieux faire que les chefs de l'état ; ce qu'ils font est bien fait.

Clasanore a Erpone. — Ma compagne n'est pas de caractère à m'imposer, ni m'empêcher de vous faire part d'une dernière observation qui vient d'éclore en ma pensée.

Puisque nous devions passer par un tour du monde pour avoir le mètre cosmopolite, j'aurais du moins souhaité que ce tour fût partagé non pas en 40 millions de parties, mais en 50 millions.

Clasanore. — Voilà donc votre dernier retranchement : souhaitant qu'on n'eut divisé la circonférence du globe qu'en 50 millions de parties.

Almane. — Pensez bien, ma chère amie, que dans cette opération, la commodité du calcul entrait pour beaucoup. Il était bon de n'avoir que des dixaines pour la moitié et le quart d'un grand cercle de la terre ; je veux dire : un compte rond. Ainsi, 40 millions descend à 20. Et vous devez savoir qu'on n'a pas mesuré ces 40 millions, mais qu'on s'est épargné trois fois moins de travail en ne mesurant que le quart du méridien, ou depuis la ligne équinoxiale jusque sous l'étoile polaire.

BADISÈNE. — Il ne s'agit donc pas, à proprement parler, de 40 millions de parties du tour du monde pour donner le mètre, mais seulement de 10 millions ; et comme on croit assez que la terre est moins grosse du Midi au Nord, que de l'Orient au couchant ; pour être sûr de parler avec exactitude, on dit : le mètre est la dix-millionième partie du quart du méridien.

ALMANE. — On pourrait parler longtemps là-dessus sans dire des choses inutiles ; mais c'est assez de ce que nous venons de dire pour démontrer qu'il ne pouvait être question d'un diviseur de 30 millions, puisqu'on n'en connaissait que 10.

Qu'on se souvienne que ces dialogues sont plutôt faits pour être mis en action que pour être lus ; cette imitation du drame étant d'un succès prouvé par l'expérience.

IIᵉ PARTIE DE LA IIᵉ CONFÉRENCE.

(Mêmes interlocuteurs).

ERPONE. — J'en suis encore à concevoir comment on a pu déduire le mètre du quart de la circonférence de la terre, et en faire une mesure invariable.

CLASANORE. — Une comparaison, que je conçois, servirait peut-être à votre éclaircissement. Vous avez, je suppose, une longueur déterminée ; vous en faites dix parts égales : si vous présentez une de ces dix parts, il est clair que vous présentez une dixième partie du tout. Pareillement, on s'est emparé de la ligne fixe qui se courbe régulièrement de l'équateur au pôle nord ; on en a fait dix millions de parts ; puis égalisant une membrure à l'une de ces parts, on a présenté ce modèle comme étant la dix millionième portion du quart du méridien, et voilà.

ERPONE. — Mais si nombre de personnes prenaient chacune la mesure d'une part de ma longueur supposée par vous, pensez-vous que dix fois cette mesure ferait encore ma longueur primitive ? Ainsi puis-je me fier, et pourra-t-on se fier toujours que 10 millions de fois votre mètre matériel ferait encore le quart du méridien ? Ce mètre n'est qu'une copie susceptible d'être tirée une infinité de fois.

CLAS. — Pour obvier aux inconvénients que vous alléguez, deux modèles d'un métal inaltérable, le platine, sont gardés en lieu sûr pour servir de règle dans les distributions de mètres qu'on livre à l'usage public ; et voilà.

ERP. — C'est dommage que ce mètre fasse un si hideux compte de pieds, pouces, lignes.

CLAS. — Si quelqu'un trouvait à redire qu'une partie de votre longueur, qui ne dépend pas de vous, ne fît pas un compte en mesure ancienne, vous diriez : je n'y puis que faire ? elle se trouve telle, un beau compte ne serait plus cette dixième partie. On vous dit également : un compte rond d'ancienne mesure ne serait plus la 10 millionième partie de la ligne terrestre qui a été mesurée. Qu'importent les pieds, pouces, lignes destinés à l'oubli ; telle est le nouveau type de toute mesure ; injonction à vous de vous y conformer, et voilà.

DANTINE. — Et voilà, et voilà, il semble qu'après et voilà il n'y ait plus rien à dire ; je dirai pourtant bien quelque chose encore, moi. On ne sait à quoi il ressemble, ce beau modèle. Il n'est ni pied , ni toise , ni aune , et les marchands s'y conforment si bien , que je ne sais ce qu'ils me livrent.

ALMANE. — Le mètre n'est pas nu et sans division : considérez qu'il est partagé en dix intervalles , qu'on appelle décimètres ; ceux-ci en 10 centimètres, et ces derniers en 10 millimètres.

DANT. — Déci, centi, milli avec mètre : quel singulier langage !

ALM. — Il est facile à comprendre : millième , centième , dixième de mètre.

DANT. — Me voilà bien mieux éclairée. J'ignore ce qu'il me faut de milli , de centi, de déci et de mètres ; mais je sais fort bien qu'il me faut une aune de marchandise , et ce nom d'aune m'est interdit.

ALM. — En ce cas , voyez que 12 décimètres font votre aune, et demandez qu'on vous mesure 12 décimètres. Ne demandez que 6 décimètres , si vous ne voulez qu'une demi-aune. Vous faut-il 5 aunes ; demandez 6 mètres de ce que vous souhaitez, et l'on vous livrera votre compte.

BAD. — Quant à vous , Erpone , qui figurez ici en consommatrice de bois de chauffage , voulez-vous vérifier le volume d'un stère qu'on vous fournit , examinez s'il contient 1000 décimètres cubes.

ERP. — Je croyais que c'était 100 décimètres seulement ; puisque le stère a 10 décimètres de côté, ou le mètre multiplié par lui-même.

BAD. Cela ne vous ferait qu'un décistère, (*Montrant la forme du décistère*), ou plutôt ne vous ferait qu'une surface d'un mètre carré , mais si pour un stère entier on vous fournissait 900 décimètres cubes, qu'en diriez-vous ?

ERP. — Si je savais qu'il m'en faut 1000 je crierais à la fraude.

BAD. — Mais lorsque vous pensiez qu'il ne vous en

fallait que 100, assurément aucun fournisseur n'a jamais osé vous livrer un dixième au lieu d'un entier. Pourquoi murmurez-vous?

ERP. — C'est que je ne savais pas.

CLAS. — La forme du stère porterait un mètre en tous sens ; ayant le mètre à la main, vous sauriez vous rendre compte : mais votre inquiétude tombe sur ce que le stère de bûches a moins de hauteur et de largeur que de longueur. Je parie qu'il porterait 9 décimètres et demi à 10, sur 11, vous vous plaindriez encore ; cependant vous seriez amplement mesurée.

BAD. — Voilà comme sont les personnes ignorantes ; incapables de rien vérifier, elle s'imaginent toujours qu'on les trompe : et lors même qu'on leur livre un excès de mesure, elles crient encore à la fraude. Quelle funeste ignorance ! Apprenez donc à vous rendre sage.

ERP. — Je ne demande pas mieux. Comment faire dans le cas présent ?

BAD. — Mesurer les trois dimensions, et les multiplier l'une par l'autre, ou la base par la hauteur.

ALM. — La mesure de la base s'effectue comme la mesure d'une surface. Pour cet effet avez-vous 11 sur 9 ? Le résultat est 99 carrés, sans épaisseur. Ces 11 et 9 sont des décimètres formant la base du volume. Cette base est donc de 99 décimètres qui, multipliés par la hauteur que je suppose d'un mètre ou 10 décimètres, vous donnent 990 décimètres cubes. Est-ce votre compte ?

ERP. — Non ; il me manque 10 décimètres cubes.

ALM. En pareille conjoncture, faites vos réclamations ; mais si vous omettez cette opération préalable, taisez-vous, et n'allez pas vous livrer à des plaintes indiscrètes.

ERP. — Maintenant, il me semble que je la ferais bien, cette opération, grâce à votre obligeance.

BAD. — Vous pourriez la faire à votre double avan‑
tage, en l'appliquant au premier stère que vous aurez
en vue ; car beaucoup de mesures passant pour un stère,
sont ainsi dressées : 8 à 10 décimètres, sur 11 et
demi.

ERP. Je crois voir ce stère bâti de la sorte, et je
l'éprouve :

$0, 8 \times 1, 15 = 920 \times 10$ décimètres ou 1 mètre.
Tout est fait. Ce stère n'en est pas un, ce n'est que
9 décistères. Mais voilà que d'une pierre, comme on
dit, vous avez fait deux coups. En m'apprenant à me‑
surer les cubes, vous m'avez appris en même temps à
mesurer les surfaces.

DANT. — L'unité des cubes ou des solides est donc
le stère ou mètre cube : et celle des surfaces a-t-elle
aussi deux dénominations ?

CLAS. — On dit : une pièce de terre, un jardin,
une vigne a tant d'ares. Pour autre chose, comme
le sol d'un appartement, on s'exprime en mètres
carrés.

DANT. — Je sais bien que l'unité des contenances
est le *litre*. Mais l'unité des pesanteurs ?

CLAS. — Ne savez-vous pas que c'est le *gramme ?*

DANT. — Pas trop. Je vois bien que le litre tient
la place de la bouteille ou de la pinte, quoiqu'en les
grossissant. Mais le gramme remplace-t-il aussi la livre ?
fait-il une livre ?

CLAS. — Il est publiquement connu qu'il faut
500 grammes pour équivaloir à la livre ancienne, et
que 2 livres sont remplacées par 1000 grammes ;
on prononce en un seul mot : *kilogramme*.

DANT. — Oui ; mais votre seul mot est aussi long
que les deux, et plus étranger.

CLAS. Aussi est-il grec, et composé des deux grecs
gramme et *kilo*.

DANT. — Kilo, mille et gramme, kilogramme. Ce
sont les deux grecs joints ensemble.

CLAS. — Myria, 10 mille. Un myriagramme au lieu de 20 livres. Toujours du grec; je suis fièrement pour le grec.

ALM. — Soyez pour le grec tant qu'il vous plaira ; mais aussi soyez pour une meilleure méthode, en exprimant ce qui convient. Vous commencez par la fin et le plus difficile. Le procédé n'est pas heureux. Que faites-vous en parlant tout-à-coup de kilo et myria ?

CLAS. — Je donne les grands multiples du gramme.

ALM. — Vous eussiez mieux fait de donner d'abord les multiples inférieurs des autres unités.

CLAS. — Faites-le, vous, je vous prie, ce mieux. Je vous cède volontiers la place.

DANT. — Au lieu de nous faire passer insensiblement par tous les degrés de l'échelle métrique, elle voudrait nous élever tout-à-coup au dernier échelon.

BAD. — Nous y sommes en effet. Descendons. Kilogramme, hectolitre, décastère avec le décamètre; puis le degré générateur, le mètre.

ERP. — Permettez-moi de descendre encore, puisque nous descendons.

BAD. — Mais si vous descendez encore, observez que vous entrerez dans les subdivisions.

ERP. — Je m'y attends bien. Déci, centi, millimètre.

FRANC. — Est-ce du grec aussi, cela ?

BAD. — Non, c'est du latin.

FRANC. — Je ne m'en étonne pas. Ce n'est pas rebarbatif, comme tout-à-l'heure.

DANT. — Non, sans doute, ce n'est plus du myriagramme.

ERP. — Que dites-vous encore? Rien que ce mot semble me repercher tout en haut.

DANT. — Mon élan négatif n'a pu vous y transporter tout-à-fait.

Erp. — Par bonheur, je suis restée suspendue au gramme.

Dant. — C'est pour vous procurer le plaisir de descendre, voyez-vous, ce que j'en ai fait.

Erp. — Aussi descendrai-je. Gramme, donc, décigramme, centigramme, milligramme.

Bad. — Un milligramme; on n'en parle guère; il pèse bien peu; environ un grain de riz.

Erp. — C'est égal, ça se mange encore.

Dant. — Buvez, maintenant.

Erp. — Un litre, c'est trop : un décilitre.

Dant. — C'est un petit verre.

Erp. — Un centilitre n'est donc que la dixième partie du petit verre. Inutile de parler du millilitre.

Alm. — Pour le moment, soit. Mais nous verrons plus tard. Vous pouvez maintenant passer à une autre classe voisine qui vous est plus connue.

Erp. — Celle des carrés en relief, en saillie, comment donc?... des cubes, des solides. Stère, décistère, centistère... Oh !... poursuivrai-je?

Bad. — Vous êtes assez bas, et même plus qu'on ne vous demande.

Erp. — Mesure de surface, ou... superficie. Are, déciare, centiare, milli...

Bad. — On vous dispense d'achever; revenez plutôt sur vos pas. Dans les mesures agraires, on ne parle que par assemblages carrés. Il n'est pas naturel de se représenter sous cette forme un dixième d'are. Le centiare, seul usité pour subdivisions, est un carré d'un mètre en tous sens.

Erp. — Avec un peu de réflexion, je trouverais ce que fait un are.

Franc. — Quoiqu'il ne me paraisse pas d'une absolue nécessité de connaître l'étymologie de ces termes nouveaux, peut-on savoir celle de ce dernier?

Alm. — Le mot are est latin. Aire à grange, aire

d'un terrain en diffère peu. C'est la seule des nouvelles unités de mesure, dont la dénomination ne soit pas grecque.

CLAS. — Mètre, stère, litre, gramme, voilà du grec.

FRANC. — Le nom facile are sans doute répond à l'arpent?

ALM. — Erreur. Pour cela il faut y joindre le multiple grec, hecto; et encore annonce-t-il deux de cette ancienne mesure; comme kilogramme répond à deux livres, et myriamètre à deux lieues.

IIIᵉ PARTIE DE LA IIᵉ CONFÉRENCE.

Récapitulation expansive des deux parties précédentes.

CLAS. — Livre, aune, grain, gros, cela ne dit rien; mais kilogramme, hectogramme, décagramme, c'est cela qui raisonne bien.

DANT. — Ces termes-là me plaisent bien aussi. Ils se francisent aisément et me paraissent orner le français. Et encore au lieu de caque, dire hectolitre; au lieu de boisseau, décalitre, on entend combien d'unités pour l'un, combien pour l'autre.

CLAS. — Vive le grec! n'est-il pas vrai?

DANT. — Vive le grec!

CLAS. — Et vous, Erpone.

ERP. — Je ne vas pas à l'encontre.

BAD. — Notre langue en effet sympathise beaucoup avec le grec, et d'autant plus qu'elle en est en partie composée. Comme elle dérive aussi du latin, ne vous étonnez pas que nos sages administrateurs aient formé de l'une et de l'autre la nomenclature des mesures nouvelles. Mais voyez s'il ne semble pas que le grec leur ait paru le plus expressif. Ils l'ont employé aux nombres supérieurs à l'unité, tandis que l'autre sert aux fractions d'unités métriques. Vous les connaissez.

Enp. — Déci, centi, milli.

Bad. — Mais les multiples?

Clas. et Dant. *ensemble*. — Déca, hecto, kilo, myria.

Alm. — Francinie, voudriez-vous me faire le plaisir de résumer ce qui fait l'innocent transport de vos compagnes.

Franc. — Excusez-moi; je ne sais pas le grec.

Alm. — Quelle candeur et quelle ingénuité! que je vous excuse, vous ne savez pas le grec. Mais savez-vous qu'il ne vous est pas libre de rejeter ces expressions? Et s'agit-il ici de savoir le grec? Sept à huit mots composent-ils une langue? D'ailleurs, ces sept à huit mots sont déjà naturalisés chez vous comme beaucoup d'autres dont vous ne faites pas difficulté de vous servir. Vous entendez dire : école, tome, colle, alphabet, caractère, grammaire, géographie, physique, astronomie, système ; dans un autre genre : église, clergé, archevêque, économe, catéchisme, et des milliers d'autres mots qui viennent de la langue grecque. Lorsqu'on vous prie de les prononcer, répliquez-vous : excusez-moi, je ne sais pas le grec? non, vous les dites sans hésiter. Il en sera de même, si vous voulez, de ce petit nombre d'expressions nouvelles. Veuillez donc bien vous les rendre familières; l'ordre civil le demande. Je ne doute pas qu'attentive et docile comme vous êtes, vous ne soyiez vite au courant des mesures légales.

Franc. — Je ne saurais proférer ces mots-là, et même je n'ai pu les retenir.

Alm. — Je vais vous aider à les prononcer, et vous les aurez bientôt retenus. Connaissez-en d'abord le sens. Vous savez déjà bien dire : mètre, ou mesure, mesure par excellence. Le mètre se multiple comme il se divise , par 10 , pour en faciliter le calcul. Que signifie déca ?

FRANC. — Dix.

ALM. — Ainsi décamètre signifie ?

FRANC. — Dix mètres.

ALM. — Hecto ?

FRANC. — Cent.

ALM. — Hectomètre ?

FRANC. — 100 mètres.

ALM. — Kilo ?

FRANC. — Mille.

ALM. — Kilomètre ?

FRANC. — 1000 mètres.

ALM. — Myriamètre ?

FRANC. — Dix mille mètres.

ALM. — A présent quelle est l'unité des mesures linéaires ?

FRANC. — Le mètre.

ALM. — Comment se nomme l'unité des mesures de surface ou superficie, ou des mesures carrées ?

FRANC. — Are. Il est aisé à retenir et à prononcer.

ALM. — Mais vous retiendrez aussi que are n'est que pour les terrains ; qu'autrement comme le plancher, le pavé d'une maison, la surface d'un mur, c'est mètre carré qui n'est que la centième partie de l'are.

FRANC. — Je m'en souviens, le centiare.

ALM. — L'unité des cubes ?

FRANC. — Ah ! de ces carrés élevés, épais... mètre cube.

ALM. — Mais pour les bois de chauffage ?

FRANC. — Attendez... comment est-ce donc ? stère, qui, s'il est de bûches, est un peu allongé ; qui ne fait toujours qu'un mètre cube.

ALM. Comme dans un carré parfait, ou plutôt cube de copeaux d'un mètre en six pans. Maintenant pour les mesures de contenance ou de capacité et de pesanteur, diriez-vous bien quels sont les termes d'unités dont on fait usage?

Franc. — A force d'avoir déjà entendu, les oreilles me tintent des mots de litre ou qui finissent par litre ou gramme. Mais j'aurais sur ces deux sortes de mesures une petite observation à vous faire.

Alm. — Je l'écouterai bien volontiers.

Franc. — Vous dites que toutes les mesures nouvelles viennent du mètre. Je vois bien qu'effectivement les mesures de chemins, de champs, de bois, en viennent.

Alm. — Vous vous exprimeriez mieux de cette autre sorte. Les mesures linéaires, itinéraires et agraires. Elles doivent ces dénominations au latin accommodé d'une terminaison française. Bois est ici équivoque. Voulez-vous parler de terrains qu'occupent les bois ; ou de piles d'arbres, de copeaux, ou bien de bois mesurés sous une autre forme ? Parlez-vous de carrés en surface ? Parlez-vous de cubes?

Franc. — Je vois bien, dis-je, que ces mesures itinéraires, linéaires, agraires, cubiques sont tirées du mètre, mais les mesures de contenance et de pesanteur, comment peuvent-elles en provenir ?

Alm. — L'entendez-vous, mesdemoiselles, une question très-opportune, et que vous deviez agiter vous-mêmes. Le litre et le gramme peuvent-ils se mesurer au mètre ? comment en proviennent-ils ?

Dant. — Comment le litre et le gramme proviennent du mètre ?

Franc. — Comment a-t-on pu mesurer avec le mètre un flacon, un poids de pesage?

Clas. — Comment a-t-on pu les déterminer avec le mètre ? voulez-vous dire.

Franc. — Cela s'entend assez.

Alm. — Le litre est pris d'un décimètre et le gramme d'un centimètre. Un vase carré d'un décimètre cube est le litre. Le poids d'un centimètre cube d'eau est le gramme.

Bad. — (*Présentant le mètre linéaire*). Voyez un décimètre, voyez un centimètre.

Alm. — Le poids d'un décimètre cube d'eau très-froide est donc le kilogramme.

Franc. — Cela me parait très-bien imaginé.

Bad.— Mais remarquez la merveille. Le gramme est déduit d'un centimètre, le litre d'un décimètre. Le décimètre vient du mètre pris au modèle, qui est à Paris, en métal de platine, pesant un kilogramme. Le modèle est l'étalon métrique de la 10 millionième partie du quart du méridien terrestre.

Clas. — Ainsi le litre et le gramme sont créés du tour de la terre, du Midi au Nord.

Erp. — Qui est-ce qui l'aurait cru? Et pourtant cela est manifeste.

Dant. — Maintenant, Francinie, vous devez être satisfaite.

Franc. — Je trouve en effet cet arrangement fort beau.

Alm. — Vous commencez donc à prendre goût à cet important système. Allez, ceux et celles qui le dédaignent, ne le connaissent pas. Mais vous, vous le connaîtrez et vous l'apprécierez. Achevez donc de l'apprendre et sachez vous en servir commodément. La reprise de notre petit colloque nous sera d'un secours très-utile.

Franc. — Vous voudrez donc bien m'aider encore.

Alm. — Tant qu'il le faudra. Dites-moi ce qui vous gêne le plus d'abord.

Franc. — Je ne saurais encore nommer les multiples. Ayez la bonté de m'en rafraîchir la mémoire, et qu'il ne me reste plus qu'à mettre à la suite les différents noms d'unités.

Alm. — L'aide que vous réclamez me coûtera peu. Commencez toujours par la première dixaine, déca.

Franc. — La seconde est hecto, 100 ; puis kilo, 1000, et myria, 10000.

Alm. — Quant aux unités qui achèvent les noms, il est assez naturel de commencer par le mètre. Articulez donc d'abord décamètre et poursuivez.

Franc. — Décamètre, 10 mètres ; hectomètre, 100 mètres ; kalo.. non, ki.. kilomètre ou 1000 mètres, pour 10 mille.

Alm. — Rappelez-vous que le myriamètre s'emploie dans les mesures itinéraires, et songez qu'il fait environ deux lieues un quart, et qu'une lieue n'est pas tout-à-fait cinq mille mètres ou cinq kilomètres : mais 4 kilomètres, 4 hectomètres, 4 décamètres, 4 mètres. On peut dire simplement 44 hectomètres.

Dant. — Savez-vous que je prends part à cette partie de votre confidence, et que je veux retenir qu'une lieue fait 44 hectomètres.

Bad. — Plus 44 mètres, cependant ; et encore pour une lieue commune.

Clas. — Une demi-lieue commune est donc 22 hectomètres, plus 22 mètres.

Erp. — Trois quarts de lieue se marquera conséquemment par quatre 3, et se prononcera : 33 hectomètres, 33 mètres.

Franc. — Vous me laissez le quart de lieue que j'exprimerai par quatre 1, et qui fera 11 hectomètres, 11 mètres. Voilà une petite digression qui n'est pas mauvaise.

Alm. — Il est temps de revenir à vos multiples. Vous en êtes aux surfaces.

Franc. — L'are est l'unité pour les mesures agraires. Are, 10 ares, hectoare.

Alm. — On ne dit pas hectoare. L'o de hecto devant une voyelle s'élide, on prononce par cette raison hectare.

Franc. — En conséquence, pour mille ares, il faudra dire : kilare.

Dant. — Vous n'avez pas exprimé par un nom de multiple la première dixaine.

Franc. — Vous pouvez l'exprimer à votre guise.

Dant. — Décaare est choquant. Je pense que l'a s'élide. Je dirai décare.

Bad. — Il n'y a ni décaare, ni décare.

Dant. — Et la raison, s'il vous plaît ?

Bad. — C'est que, comme on vous l'a dit, les surfaces agraires ne vont que par carrés parfaits, et que dix ares ne se présentent naturellement que comme une bande large de 10 mètres, et longue de 100.

Dant. — Alors on ne doit pas dire : kilare, non plus.

Bad. — Qui est-ce qui le dit? ce n'est pas moi, et personne ne le doit dire. Pour la même raison que je viens de donner, il n'y a pas de déciare non plus. On vous l'a déjà dit, souvenez-vous-en. L'are n'a pour subdivision que les centiares.

Alm. — Francinie, c'est vous qui avez dit kilare.

Franc. — Je ne le dirai plus.

Alm. — Continuez votre nomenclature.

Franc. — Je n'oserais aborder les multiples des unités cubiques. Décastère; je l'ai entendu prononcer. Mais hectostère, kilostère, ça va bien mal à dire.

Alm. — J'en conviens, ces mots sont d'une dureté insupportable ; et à ce sujet, je vous ferai observer que pour former les dénominations métriques, on a consulté l'euphonie. Lors donc qu'une expression est très-désagréable, supprimez-là. On dit cent stères, mille stères. Décastère et décistère seulement sont conservés, et il est rare qu'on ait besoin de parler d'un centième de stère, si ce n'est spéculativement.

Franc. — Le litre sera-t-il plus complet dans ses multiples? Décalitre, hectolitre.

Alm. — C'est assez pour l'usage. Mille litres se prononcent plus souvent dix hectolitres que : un kilolitre, dont on ne parle guère qu'en théorie. On a le décilitre et même le centilitre. Qu'il vous souvienne que le millième du litre d'eau très-pure à la température de la glace en fusion, forme le poids du gramme, qui admet tous les multiples aussi bien que toutes les subdivisions.

Franc.— Il y a donc le décagramme, le kilogramme.

Alm. — Vous vous souviendrez encore que ce multiple est le plus voisin de la livre, et qu'il compte pour deux livres anciennes : mais qu'au reste on dit plutôt dix kilogrammes que un myriagramme pour exprimer vingt livres.

Franc. — Croyez-bien que je tâcherai de garder cet avis dans ma mémoire, ainsi que tous les autres fruits de votre complaisance.

TROISIÈME CONFÉRENCE.

PREMIÈRE PARTIE.

—

INTERLOCUTEURS :

ANDALONE, BAGDIN, CLAIRAUT, DICTAN, ERPRUT, FÉLIX.

Clairaut. — J'ai grande envie de parler du système métrique et décimal.

Dictan. — Parlez-en, vous nous ferez plaisir.

Clair. — Oui, mais il faut que quelqu'un me réponde et qu'on m'accompagne.

Dict. — Je suis persuadé que chacun fera sa part

de la conversation, et d'abord me voici pour vous sou·
tenir.

C**LAR**. — Avez-vous déjà compté combien il y a de sortes de mesures?

D**ICT**. — Il n'y a rien à compter ; on sait bien qu'il y en a cinq.

B**AGDIN**. — On pourrait en compter six.

D**ICT**. — Quelle est donc votre sixième?

B**AG**. — Quelles sont d'abord vos cinq?

D**ICT**. — Longueur, superficie, solidité, contenance, poids, comme vous voyez, cinq en tout.

B**AG**. — Et le franc qui peut bien faire six.

E**RPRUT**. — Le franc est-il donc une mesure ?

B**AG**. — Pourquoi non? La valeur d'une chose n'at-elle pas sa mesure comme la chose elle-même. Alors le franc est la mesure des valeurs, s'il n'a pas de multiples, il a du moins des subdivisions communes aux autres mesures. Le décime, le centime ; ou le dixième, le centième du franc. Voilà bien une sixième sorte de mesure.

C**LAIR**. — Et moi, j'en trouve neuf.

D**ICT**. — S'il faut de l'artifice pour en trouver six, comment pouvez-vous en trouver neuf?

C**LAIR**. — Entre les six déjà comptés, nous avons les mesures itinéraires, les mesures agraires et les mesures stériques.

A**NDALONE**. — Ce n'est là que le double emploi d'une seule et même classe de mesures. Les itinéraires sont des longueurs, les agraires des superficies, et ce que vous appelez stériques ne diffère pas des solides.

B**AG**. — A votre compte, Clairaut, on pourrait en compter onze espèces, et je ne sais combien, si la nature des objets à mesurer forme des espèces particulières. Les capacités et les pesanteurs en feraient pour le moins deux chacune. On compterait les hectolitres et les décalitres en sus du litre. On aurait encore le poids de vingt kilogrammes et les pesées minimes des épiceries.

Clair. — Ce sont toujours les mêmes dénominations de plus ou moins de multiples. C'est toujours d'un côté litre dans décalitre, et de l'autre gramme dans myriagramme et décagramme. Au lieu que le mètre cube n'est pas toujours le stère, et le mètre carré n'est pas l'are. Enfin vous en direz ce que vous voudrez, il y a plus de différence entre un myriamètre et un mètre, qu'entre un kilogramme et quelques grammes, qu'entre un hectolitre et un litre.

And. — C'est-à-dire que dans votre système particulier les dénominations des multiples se modifieraient plus que dans le véritable. Mais tous les multiples qui forment les carrés ne sont toujours que des surfaces. Ceux qui désignent la mesure des solides ne donnent toujours que des cubes. Le stère est toujours un de ces derniers, et le mètre carré toujours une surface comme l'are. De plus nombreuses distinctions seraient superflues. Vous ferez donc bien de vous ranger au sentiment commun, qui n'admet que cinq sortes de mesures et le franc.

Clair. — Je cède à vos représentations; mais sans croire pour cela que j'aie suscité entre nous un hors d'œuvre inutile; puisque l'universalité des mesures est un objet de nos études.

Félix. — J'ai entendu dire qu'on avait été jusqu'au bout du Nord pour déterminer les unités de toutes ces mesures, dont vous venez de parler. C'est, ce me semble, assez avoir été chercher minuit à quatorze heures.

Bac. — Si vous avez entendu dire qu'on a été jusqu'au bout du Nord pour déterminer les unités de toutes les mesures, vous avez dû entendre dire aussi que le globe de la terre seul offrait des conditions satisfaisantes pour ce grand dessein. Il fallait opérer pour cela sur une grande échelle.

Fél. — Toute l'étendue de la France n'offrait-elle pas une échelle assez grande pour en tirer la longueur d'un bâton de voyage ou du pas d'un homme?

And. — Vous ne savez donc pas que notre modèle métrique doit être commun à toutes les nations, et pris sur un original fixe et commun qui ne soit pas moins aux autres peuples qu'à nous, afin qu'ils puissent nous imiter. La France n'est qu'aux français, mais le méridien est à tous les habitants de la terre. D'ailleurs les limites de la France ne sont pas invariables. De tous les objets naturels à notre portée, le globe de la terre ne varie pas dans ses dimensions.

Erp. — Si quelques nations lointaines voulaient nous imiter, leurs savants ne prendraient-ils pas pour ligne de leurs opérations l'équateur dont ils mesureraient toute l'étendue, en finissant précisément au point de leur départ; ce qui pourrait leur paraître plus exact que de partir vaguement de la ligne équinoxiale pour aller lorgner l'étoile solaire dont deux hommes éloignés de beaucoup l'un de l'autre peuvent se croire directement au-dessous.

And. — Qu'êtes-vous donc, être chétif et sans érudition, pour vouloir déprimer de la sorte des génies qui font preuve d'un talent dont la seule idée nous accable; qui savent prédire à l'heure, à la minute des apparitions de corps célestes et leurs éclypses; avec une telle justesse que ces astres semblent obéir à leurs ordres. Ces hommes érudits connaissent la ligne de l'équateur et le pôle boréal comme vous connaissez l'entrée de votre maison et le centre de votre foyer.

Erp. — Je le veux croire. Mais ne peut-il pas prendre envie aux indiens, ou aux japonais ou aux américains de diviser l'équateur en vingt mille parties, dont une leur donnera une unité métrique de la hauteur ordinaire d'un homme et de la longueur de ses bras étendus : ils auront pour centre de leurs mesures l'étendue verticale et horizontale d'un homme , lorsque nous n'en aurons qu'un pas. Cependant ils auraient opéré sur un objet immuable de la nature.

BAG. — S'ils font tant que de vouloir nous imiter comme vous le dites , ils prendront des informations près de nous , et sachant que nous avons simplifié de quatre fois leur dessein de travail en l'exécutant sur le méridien terrestre, il est tout naturel qu'ils agissent comme nous.

DICT. — Oui , ils partageront le quart du méridien en cinq millions et leur résultat sera toujours environ le double du nôtre.

FÉL. — Je crois , moi, plutôt que, pour avoir l'unité productrice des mesures que vous avez dites , la ligne du méridien leur donnera l'unité linéaire et itinéraire. Ils prendront l'unité des surfaces sur la mesure de la superficie du globe ; celles des solides et des contenances sur le contenu cubique de la terre ; et de sa pesanteur ils feront des trillionièmes dont une portion sera leurs poids. Alors ils pourront se vanter à plus juste titre que nous d'avoir déduit toutes leurs mesures de celles de la terre.

BAG. — Si nous avons été chercher minuit à quatorze heures , vous voulez que ces nations aillent chercher minuit à vingt-huit. Que l'on éprouve ces calculs, et dans mille répétitions il ne s'en rencontrera pas deux pareilles.

CLAIR. — Vous ne présumez pas bien. Ces peuples diront tout bonnement : La terre a neuf mille lieues de tour, cela fait tant de nos unités, qui partagées en vingt millions nous donnent cette longueur que voici. Avec cela faisons toutes nos mesures.

AND. — Mais croyez-vous que ces peuples s'abusent ainsi à leur détriment ? Quel intérêt ont-ils d'entretenir constamment un objet de discorde dans leurs relations commerciales avec nous. Ne sont-ils pas intéressés aussi bien que nous à l'unité de mesures pour toutes les nations du monde? Ils seraient effrayés de tous ces travaux de génie que vous imaginez. Ils ne sauraient avoir de confiance dans un calcul fait sans fondement certain. Notre système satisfaisant leur étant présenté, ils prendront un travail tout fait, tant pour se dispenser de le faire eux-mêmes, que pour couper court à tout désaccord dans le commerce qui leur est profitable. Ils ne songeront pas plus à contrarier notre beau système que les gens sensés parmi nous n'en demandent un autre. Celui que nous possédons fait le plus grand honneur à l'esprit humain. Il est fait pour tous les peuples. Avec le temps tous les peuples l'adopteront, et plusieurs déjà pensent à l'adopter. Un si utile projet ne peut que s'accomplir et se propager indéfiniment.

Dict. — Il faut avouer que vous avez des Indiens une opinion bien avantageuse. Quoi! vous pensez qu'ils prendront un décimètre cube pour en faire leur unité de contenance et qu'ils l'appelleront *Litre*.

Bac. — Qu'importe, un autre nom, pourvu qu'on s'entende avec eux.

Dict. — Vous pensez qu'ils prendront un centimètre d'eau très-pure et très-froide, comme la glace qui fond, pour en faire l'unité de leurs poids, et qu'ils l'appelleront *Gramme*?

Bac. — Le nom n'y fait rien, encore un coup. Qu'ils l'appellent comme ils voudront, cette unité; l'essentiel est qu'elle soit la même que la nôtre qu'on leur communiquera.

Clair. — Quand ils sauront que notre gramme est déduit d'un centimètre cube d'eau, ils croiront plus beau de prendre un centimètre cube d'or.

Bac. — Mais quand ils verront que deux cubes d'or absolument de mêmes dimensions ne sont pas de même poids, il faudra bien qu'ils laissent là l'or.

CLAIR. — Plutôt que de prendre un petit cube d'eau, ils trouveraient plus commode de se régler sur un cube de glace.

FÉL. — Si deux mêmes quantités d'eau ne sont pas de la même pesanteur, que le degré de température en soit la cause, la glace n'a pas le même inconvénient.

AND. — Nous savons qu'il n'est pas indifférent d'employer l'eau dans ses divers états. Que la glace nage sur l'eau, elle est donc plus légère, et qu'elle l'est plus ou moins selon qu'elle a plus ou moins de pores accidentels. Au reste la gelée et la chaleur dilatent l'eau.

DICT. — Je ne devinais pas à quoi bon la température de la glace fondante pour établir le gramme ; mais je le vois bien maintenant. C'était le seul degré qui pût fournir une donnée sûre.

FÉL. — Dire pourtant que pour avoir une largeur comme l'ongle du petit doigt, il a fallu mesurer un si grand espace.

DICT. — Mais c'était aussi pour avoir l'unité des mesures itinéraires qui figurent si bien avec les grandes lignes terrestres.

FÉL. — Mais que d'unités pour exprimer le contour du monde ! 40 millions ; lorsque 9 mille avaient suffi ; 9 mille et pas plus.

DICT. — A vous entendre on croirait que l'unité des mesures itinéraires est un mètre. C'est une collection composée de répétitions d'un mètre, à la vérité, mais formant une longueur qui l'emporte bien sur celle que vous paraissez regretter. Il ne faut que 4 mille de la moderne unité pour un grand cercle du globe. Vous répétez avec emphase et complaisance 9 mille et pas plus, exprimez donc avec la même mesure celle du quart du méridien.

Fél. — Le quart de 9 mille est 2 mille deux cent-cinquante.

Dict. — Quel allongement! deux cent-cinquante ajoutés à deux mille, et moi mille myriamètres, mille et pas plus.

Fél. — Oui, mais vous vous dédommagez bien sur la longueur de votre dénomination... Myriamètre, tandis que lieue est si tôt dit.

Dict. — Oui, mais aussi votre monosyllabe ne s'explique guère et moi j'exprime le nombre des pas.

Erpr. — Je voudrais bien vous entendre exprimer à votre façon l'espace d'une lieue, vous diriez 4 kilomètres, 4 hectomètres, 4 décamètres, 4 mètres. J'en ferais dix pendant vous une. Avec vous il faut bâiller quatre fois, se tordre la bouche autant de fois pour dire ce qui est si facile et si court : une lieue.

Dict. — C'est que vous ne la faites pas et que moi je la fais.

Erpr. — Je la fais comme vous.

Dict. — Vous la faites comme moi ? Eh bien, quelle lieue faites-vous ? Il y en a de petites, il y en a de grandes, il y en a de moyennes.

Erpr. — Je ne m'embarrasse pas de ces distinctions-là.

Dict. — Voyez-vous que vous ne la faites pas.

Erpr. — Faites-là donc un peu, vous.

Dict. — Je ne vous citerai qu'un exemple. Quatre mille quarante-quatre pas ou mètres. S'il s'agissait d'une autre espèce de lieue, je vous dirais également le nombre des pas métriques.

Clair. — Mais vous n'avez pas toujours une lieue précise ; alors comment dites-vous ?

Erpr. — Je dis : une lieue un quart, ou une lieue moins un quart.

Clair. — Lorsque vous désignez la distance d'un endroit à un autre, vous passez volontiers sur les quarts, où vous en exprimez, quoique cependant il n'y ait ni plus ni moins un quart. Tandis qu'en s'exprimant par mètres, la désignation est précise.

Bag. — Si vous avez deux lieues un quart, on peut vous demander quelle est la longueur de la lieue dont vous parlez.

Félix. — Je dirais, moi, la lieue ordinaire.

Bag. — Mais dans le temps que l'on vous fera la demande et que vous rendrez la réponse, j'aurai dit tout à mon aise : un myriamètre. Il n'y a pas plusieurs longueurs de mètres. Ainsi quand j'énonce dix mille mètres, j'exclus toute explication.

IIᵉ PARTIE DE LA IIIᵉ CONFÉRENCE.

(Mêmes interlocuteurs).

Félix. — D'après les renseignements que j'ai trouvés, je me fais fort de mesurer un chemin.

Andal. — Une telle déclaration ne saurait être difficile à réaliser. Cependant je voudrais bien savoir quelle serait votre façon de vous y prendre et ce que vous entendez par mesurer un chemin.

Félix. — Je me ferais aider d'un second pour porter un cordeau long d'un décamètre.

And. — Un cordeau s'étend par la sécheresse et se raccourcit par l'humidité. Faites plutôt en fil de fer une chaîne dont les chaînons soient d'un décimètre et au nombre de cent, ou de 2 décimètres et au nombre de 50.

Félix. — Cela est faisable. Je suppose que ce chemin soit une grande route. Après dix décamètres, je compte 1 hectomètre. Au dixième hectomètre je compte 1 kilomètre. Dix kilomètres me donnent un myriamètre.

J'en trouve trois fois autant ; cela me fait trois myriamètres..

And. — Est-ce bien là aussi mesurer ce chemin suivant votre déclaration ? N'est-ce pas plutôt mesurer
une distance, un intervalle, une longueur ? Ce chemin a une largeur qui doit servir à compléter la mesure que vous me faites entendre en disant : mesurer
un chemin comme on dit : mesurer un champ. Vous
annoncez une surface et vous ne prenez qu'une ligne.
C'est bien là ce qu'il fallait faire, mais votre opération n'est qu'en bon train. Vous en avez fait le plus
pénible. Encore un peu de courage, un peu d'intelligence, et vous la mènerez à bon terme.

Félix. — J'ai fait ce que je puis.

Erp. — Vous avez fait preuve de bonnes jambes ;
mais non d'un grand savoir. Je vous suis obligé cependant d'avoir exécuté ce qui me plairait le moins,
et de ne m'avoir laissé à mesurer qu'une largeur d'un
travers de chemin. Celle-ci a juste le décamètre... dix
mètres.

Félix. — Qu'allez-vous en faire ?

Erp. — Je vais en faire la mesure entière de votre
chemin, dont j'obtiendrai le contenu superficiel en
multipliant les 10 mètres par 3 myriamètres : 10×3
$= 30...$ n'est-ce pas 30 myriamètres ?

And. — Il s'agit ici d'une surface ou de mesures
carrées, prenez-y garde. Et vous auriez 30 myriamètres
carrés ! Songez donc quelle surface immense ! cela n'est
pas possible.

Dict. — Vous avez bien fait de prononcer dix
mètres au lieu d'un décamètre ; faites donc de même
aux trois myriamètres, vous aurez 30,000 mètres, 30
mille mètres multipliés par dix deviennent 300,000
mètres carrés que contient en surface votre grande
route.

Bag. — Permettez-moi de vous rappeler que les

grandes superficies ne s'évaluent pas par mètres, mais par ares, par hectares. Vous vous êtes énoncé comme un couvreur, un charpentier, un plafonneur ; parlez maintenant comme un géomètre.

Dict. — Comment m'y prendre pour cela ?

Bag. — Il doit vous suffire de savoir qu'un are est un décamètre carré.

Dict. — Il y a loin de là encore à trois cent mille mètres.

Bag. — Pas déjà si loin, je vous en rapproche de cent.

Dict. — Oh ! seulement de dix, à ce qu'il me semble. Je sais très-bien qu'un décamètre n'est que dix mètres.

Bag. — Pour les linéaires, oui, mais pour les carrés, c'est différent. Dans ceux-ci, d'un chiffre à l'autre, il y a cent ; un décamètre carré fait 100 mètres carrés : 10 $\times$ 10... voyez..... Ainsi, quoiqu'il n'y ait qu'un chiffre des mètres aux décamètres, il y a cent fois moins de décamètres carrés que de mètres carrés.

Clair. — Et comme un décamètre carré est un are, il y a cent fois moins d'ares que de mètres carrés, qui sont les centiares. Un centiare est donc un mètre carré. Ainsi 300,000 mètres carrés sont autant de centiares, et on voit bien qu'il y a cent fois moins d'ares.

Dict. — Puisque vous entendez si bien cela, M. Clairault, prenez la besogne à votre charge.

Cair. — Volontiers, je n'ai qu'à diviser 300,000 deux fois par 100 pour avoir des hectares. La première division par cent me donnera des ares ; la seconde se conçoit.

Dict. — Allons, prenez un crayon, saisissez une plume, bâtissez vos échaffaudages pour effectuer vos divisions par 100.

CLAIR. — Je n'ai besoin pour cet effet d'aucun de ces attirails. Sachant que comme pour multiplier un nombre par cent, il suffit de le remonter de deux chiffres, ainsi pour le diviser par cent, je n'ai qu'à le descendre de deux aussi.

DICT. — S'il ne tient qu'à cela, j'opérerai bien moi-même..... 300,000 baissé de deux chiffres devient 3000... 3000 baissé encore d'autant, devient 30.

CLAIR. — 30 quoi?... 3000 quoi?

DICT. — Ce que vous voudrez.

CLAIR. — Vous venez donc d'agir tout machinalement. Tenez, ne disons plus mètres carrés, mais centiares; puisqu'il s'agit d'une grande superficie comme d'une mesure agraire, 300,000 centiares font 3 mille ares ou 100 fois moins que 3 cent mille, et 3000 ares font bien 30 hectares. Vous comprenez.

DICT. — Oui. Une surface de 5 myriamètres ou 50 mille mètres sur dix mètres contient 3 mille décamètres carrés, 3 mille ares, dont 30 hectares est la plus simple expression.

ERP. — Pour un chemin de six à sept lieues, une soixantaine d'arpents. Voilà bien du terrain de soustrait à l'agriculture.

BAG. — Réflexion oiseuse. Ne faut-il pas des chemins commodes pour voyager et transporter les produits des terrains?

FÉLIX. — Ces grands nombres là me semblent des géants qui me fatiguent à les regarder; j'en aimerais mieux de petits.

AND. — On vous donnera des nains tout-à-l'heure, et d'aussi petits que vous voudrez. Voulez-vous les mesures d'une brique, d'une planchette, d'une feuille de papier?...

FÉLIX. — La première venue, qu'importe.

AND. *prenant une petite planche.* — Cette surface, comme vous pensez bien, ne doit porter que des décimètres sur des décimètres. Mesurez vous-même.

Félix, *le mètre en main.* — Cinq décimètres en long , 2 décimètres en large.

And. — Faites le calcul maintenant pour avoir le contenu en carré.

Bag. — Rappelons-nous que Félix ne savait , il y a peu de temps, mesurer que des lignes , saurait-il déjà le calcul fractionnaire des surfaces?

Félix. — Pensez qu'il ne faut pas être sorcier pour multiplier 5 par 2.

Bag. — Faites toujours.

Félix. — 2 fois 5 $=$ 10. Etes-vous content?

Bag. — Pas trop. 10 quoi ?

Félix. — Puisque ce sont des décimètres de part et d'autres. Des décimètres , donc.

Bag. — Qui font... quoi?

Félix. — Belle demande ! 10 décimètres ne font-ils pas un mètre?

Bag. — N'avais-je pas bien dit qu'il ne calculerait que comme pour les longueurs ou lignes ? Ne sont-ce pas ici des carrés ?

Félix. — Eh bien ! 10 décimètres carrés.

Bag. — N'avez-vous pas entendu que dans les mesures de surfaces , les proportions sont de 1 à 100 ?

Félix. — J'ai bien entendu quelque chose de cela ; mais comment voulez-vous que je trouve des cents où vous refusez de voir une seule unité?

Bag. — Puis-je voir un mètre carré sur cette petite planche ?

Félix. — Je ne sais que croire d'une telle singularité. Voilà 10 décimètres carrés et non pas linéaires à mon produit, et cependant je vois bien qu'il n'y a pas à cette surface un mètre carré. Assurément quelque sorcier se mêle de la partie.

Dict. — Vous disiez pourtant si bien qu'il ne fallait

pas être sorcier pour dire ce que font 5 décimètres multipliés par 2 décimètres.

Félix. — Je ne le dis plus.

And. — Et vous, Erprat, vous plaît-il d'essayer votre sagacité, à votre tour. Je prévois que vous allez vous dire sur-le-champ combien font 5 décimètres multipliés par 5 décimètres.

Erp. — $5 \times 5 = 25$... 25 décimètres ou 2 mètres et demi.

And. — Mais s'il s'agit d'une surface de ces dimensions ?

Erp. — Si ce n'est pas toujours deux mètres et un demi mètre, je ne sais ce que c'est.

And. — Faites-moi le plaisir d'écrire la multiplication de $0,5 \times 0,5$.

Erp. — $= 25$.

And. — Mais vous avez deux chiffres à retrancher.

Erp. — $= 0,25$. Hé ! vingt-cinq centièmes.

And. — Ou un quart.

Montrant la forme du mètre carré divisé en 100 parties, ou la planche (figure 1re.)

Bag. — La voici, cette surface. Remarquez bien son étendue, relativement au mètre carré. Voici la moitié... ceci est donc le quart. C'est la preuve que une demie multipliée par une demie égale un quart. Ici, comme vous voyez, un quart est 25 décimètres carrés. Un mètre en surface renferme donc 100 décimètres carrés. La vue en est une démonstration.

Dict. — Si un mètre en surface renferme 100 décimètres, un décimètre carré est donc un centimètre carré. Voilà encore une chose étrange, qu'un centimètre soit un décimètre.

And. — Quoique dans les surfaces il faille 100 décimètres pour faire un mètre, un centimètre carré n'est pas pour cela un décimètre carré. Celui-ci, au contraire, a 100 centimètres carrés à son tour... voyez...

Du décimètre au centimètre en superficie, encore 100. Un centimètre ici n'est donc que la dix-millième partie du mètre. Ainsi, pour parler sans ambiguité, quand il s'agit de surface il faut dire : un décimètre carré est la centième partie du mètre. Pour former un mètre carré, il ne faut pas moins de 100 décimètres carrés.

Bag. — Maintenant, Félix, retournez à votre opération. Vos 10 décimètres ne sont que 10 centièmes de mètre ou 1 dixième de mètre carré. En effet, écrivant la multiplication et retranchant deux chiffres par la virgule, vous n'avez au produit que 0, 10. dix centièmes, ce qui s'accorde parfaitement avec les 100 cases que renferme le mètre carré.

And. — Qui est-ce qui veut faire la petite addition que je vais dicter ?

Clair. — C'est moi.

And. — Ecrivez : 2 mètres carrés 4 décimètres, + 1 mètre carré 6 décimètres.

Clair. *ayant fait l'opération.* — 4 mètres juste.

And. — Résultat faux. Il ne doit être que de 3 mètres carrés, 10 décimètres carrés ou 10 centièmes d'un de ces mètres ; puisque pour former celui-ci vous avez besoin de 100 décimètres carrés. Voyez comme vous deviez écrire cette addition : $+\begin{smallmatrix}2\text{ m. car. }04\\1\text{ m. car. }06\end{smallmatrix}=3$ m.car. 10. Dans toute opération de cette espèce, vous pourriez donc avoir 99 décimètres ; car ce n'est que 9 dixièmes et 9 centièmes, ou 99 centièmes de mètre carré, 0,99. Les décimètres carrés s'appellent commodément des centièmes de mètre carré. De cette manière il n'y pas de méprise à craindre.

Dict. — Quelle pensée vous occupe l'esprit, Erprat, vous m'avez l'air tout rêveur ?

Erp. — Je pense aux mesures cubiques et je me dis : si les simples carrés nous causent tant de tracas, que nous feront les doubles ?

Dict. — Bah ! il ne faut pas trembler avant que la trompette sonne la charge.

Bag. — Puisque vous êtes si résolu, voudriez-vous bien multiplier 5 décistères par 5 décistères ?

Erp. — Tant qu'on ne m'en demandera pas de plus, je répondrai bien à l'appel.

Dict. — Ce n'est pas à vous qu'on s'adresse aussi , c'est à moi.

Erp. — Vous avez du bonheur de pouvoir profiter de mes bévues, d'où vous avez appris que 5 décimètres multipliés par 5 décimètres font 25 centimètres. Ce qu'on vous demande à présent est mon histoire.

Dict. — Je le sais. Aussi ne répondrai je pas comme vous , que 5 décistères multipliés par 5 décistères, font 25 décistères ou 2 stères et demi , mais 25 centi-stères.

And. — Vous applaudissez donc à ce résultat.

Erp. — Selon votre enseignement , je crois que je ne risque rien.

And. — Que vous me faites pitié tous deux ! sans doute lorsque j'ai supposé une surface dont les dixièmes se tiennent pour ne former qu'un plan, 5 dixièmes d'une unité $\times$ 5 dixièmes font 25 centièmes de cette unité carrée. Mais aussi quand ces dixièmes sont dé-tachés , je ne vous ai pas dit que le produit de 5×5 ne font pas 25 dixièmes ; car il est tel effectivement, et c'est le cas dont il s'agit. C'est comme si l'on avait 5 groupes chacun de 5 décistères , ce n'est pas ici une affaire de surface ; mais une opération de nombre.

Bag. — Le décistère remplace la solive ancienne. 5 fois 5 solives feraient-elles 0.25 ? Ce serait bien nette-ment 25 solives. Ainsi 5 fois 5 décistères font 25 décis-tères sans décimales.

Clair. — Ne puis-je pas considérer 5 fois 5 déci-mètres isolés de même ? alors mes 5 et 25 seraient aussi des nombres entiers.

Bag. — Ce cas peut se rencontrer ; mais le produit ne ferait pas partie d'une unité plus grande.

Erp. — Je n'avais donc pas si mal répondu la première fois, puisque je pouvais considérer les décimètres comme séparés les uns des autres.

And. — Vous le pouviez d'abord, et je vous en ai rendu justice ; mais ensuite vous ne le pouviez plus, lorsque je vous eus spécifié une surface qui ne peut s'entendre que relativement au mètre carré dont le quart est 25 décimètres ou 25 centièmes d'un mètre carré.

Dict. — Mais puisque 5 dixièmes d'un mètre se prennent pour la moitié du mètre, lorsque 5 décistéres sont la moitié du stère, pourquoi ne pas agir avec les uns comme avec les autres.

Bag. — Je vois bien que vous ne savez pas comment est composé un stère. (*Il prend le carré centuplé ou une forme de décistère*) (1). Regardez attentivement.

Dict. — Je sais fort bien qu'un stère est un mètre cube ; qu'un cube est un carré à six pans, et qu'un mètre cube a, sur toutes les dimensions de ses faces, un mètre ou 10 décimètres.

Bag. — Mais combien le stère contient-il de décimètres cubes ?

Dict. — Je n'ai pas encore eu la curiosité de les compter.

Bag. — Ce n'est pas une curiosité, c'est un devoir que vous avez omis.

Erp. — J'aperçois déjà que chaque face du mètre cube est un mètre carré ; par conséquent, de 100 décimètres carrés.

---

(1) La planche qui se trouve à la fin du volume n'est que pour ceux qui ne se sont pas encore procuré la forme du décistère en bois.

Dict. — Ce n'est pas tout. Après.

Félix. — Puisqu'il y a six faces, ne serait-ce pas 800 décimètres que contiendrait le mètre cube ou le stère ?

Erp. — J'ai mieux aimé ne rien dire que d'émettre une conception si étrange.

Clair. — Que ne multipliez-vous la base par la hauteur ? La base vous l'avez sur une face, 100, et la hauteur est 10.

Dict. — 100 fois 10. Le tout est mille. 1000 décimètres cubes, ou le stère.

And. — On peut dire aussi que pour avoir la mesure d'un solide, on multiplie les trois dimensions, longueur, largeur, hauteur l'une par l'autre. Ce ne sont que deux multiplications à faire. Le nombre de décimètres cubes du stère est donc tout simplement 10 multiplié deux fois par lui-même. $10 \times 10 \times 10$. Ce procédé montre également pour le mètre à six faces égales et planes 1000 décimètres cubes.

Bag. — En voici la démonstration.

Clair. — Ceci est assez clair et n'a pas besoin d'être démontré.

Bag. — Vous ne le voyez que superficiellement, vous ne faites que le concevoir, je veux vous en donner une démonstration qui saute aux yeux, afin que vous puissiez vour rendre facilement raison de toutes les modifications que peuvent subir les cubes.

Clair. — Si les dimensions augmentent ou diminuent, les nombres pour les représenter augmentent ou diminuent proportionnellement.

Bag. — Eh bien ! quelle composition donnez-vous au décistère ? quelle place occupe-t-il dans le mètre cube ? sous quelle forme vous le représentez-vous, pour en compter d'un coup-d'œil toutes les parties, et pour en élever le stère ?

Clair. — Oh ! faites, faites.

Bag. *montrant le carré.* — Voici le décistère. Examinez-le attentivement et dites ce que vous y voyez.

Clair. — J'y vois 10 décimètres sur 10.

Dict. — C'est cela, 100 décimètres et encore 100 décimètres carrés. Ne voilà-t-il pas une parfaite ressemblance entre le mètre carré et le décistère?

Erp. — C'est tout bonnement un mètre carré.

Félix. — Peut-on aller là contre; un aveugle y mordrait.

Bag. — Quelle pitié! quoique vous ayez de bons yeux, vous n'y mordez pas, vous-même.

Félix. — Ne vois-je pas bien 100 décimètres carrés comme au mètre carré.

Erp. — Et c'est bien vrai.

Félix. — Cela saute aux yeux; comme vouliez, Bagdin, soyez satisfait.

Bag. — Certainement je ne puis l'être. Quoi! vous ne mettez aucune différence entre cette forme et sa superficie tracée sur du papier?

Félix. — Si fait, l'une est du papier, l'autre est du bois.

Bag. — L'une n'est pas même du papier, ce n'est que de la couleur.

Erp. — Oui, de la couleur qui représente votre carré, c'est toujours de même.

Bag. — Et l'épaisseur de mon carré en bois, n'est-elle rien?

Erp. — Ah! l'épaisseur, je n'y faisais pas attention.

Clair. — Sans doute, l'épaisseur de cette forme distingue éminemment le décistère du mètre carré.

Bag. — Prenez la peine de la mesurer, cette épaisseur, dans la proportion d'un centimètre pour un décimètre.

Clair. *mesurant.* — Un décimètre : ce qui de carrés rend cubes les 100 décimètres.

Dict. — C'est donc de 100 décimètres cubes que le décistère est composé. Pour le coup, cela vraiment saute aux yeux.

Félix. — Est-ce bien là le décistère aussi? Que je m'en assure. Un stère, a-t-on dit, contient 1000 décimètres cubes. Le décistère en étant le dixième doit en faire 100, et les voici sous mes yeux. Oui, cette lame doit fort bien représenter le décistère.

Erp. — Si c'est bien là le décistère, dix lames semblables posées l'une sur l'autre doivent donner le mètre cube. Si je les avais, je dirais en les posant : 100 décimètres cubes... 2 cents... 5 cents... 9 cents : enfin mille décimètres cubes. La dernière placée ferait la hauteur du mètre cube. Oui, 10 fois ces cents décimètres cubes que j'ai sous les yeux, formeraient le volume du stère.

Bag. — Bravo, mes amis, vous avez fort bien usé de ce faible appareil. Voilà ce que c'est que de parler aux yeux. Maintenant vous connaissez non seulement l'extérieur du mètre, mais encore l'intérieur. Vous voyez ce qu'il a dans le corps. Qu'on le fractionne, qu'on y ajoute, vous saurez toujours en reconnaître les parties et le volume de ses additions.

QUATRIÈME CONFÉRENCE.
PREMIÈRE PARTIE.

INTERLOCUTRICES :

ANTHUSE, BERTHOSE, CORINNE, DIDAMIE, ERNESTINE, FÉLICITÉ (1).

DIDAMIE. — Depuis longtemps j'étudie les mesures métriques, et cependant je vous avouerai que j'y trouve encore des endroits bien obscurs, surtout dans les amoncellements cubiques.

ERNESTINE. — Les simples carrés ne sont pas clairs; comment pourrais-je connaître à fond les carrés compliqués ?

CORINNE.— Vous ne pouvez donc pas encore définir les différents rapports des capacités et des poids avec les cubes qui les constituent, les litres, décalitres et les grammes.

FÉLICITÉ. — Pour moi, je n'y vois pas tant de malice; et mètres épais ou plats, et stères et grammes et litres, je mets, pour mes calculs, tout en même catégorie.

BERTOSE. — Mais vous ne le devez pas, ma chère amie. Vous ressemblez à une idiote novice qui mélange confusément et dixaines et centaines, et dixièmes et millièmes avec les unités simples mais entières.

ANTHUSE. — Les unes exagèrent les difficultés, les autres voient tout uniforme. Mais toutes les mesures ne sont pas de même conformation, et dans leurs différences elles ne sont pas inextricables.

DID. — Démêlez-moi ce brouillamini. Les grammes

---

(1) Pour des garçons : Arconce, Bardan, Cremnin, Déluré, Elmanru, Fabre.

sont formés du litre dont le poids d'eau produit les pesanteurs. Mais comment se correspondent-ils? un décigramme est-il le poids d'eau d'un décilitre, et le centième du litre ne forme-t-il qu'un centigramme?

ANT. — Pour qu'il en fut comme vous le dites, il faudrait que le gramme répondit au litre, et qu'il fût l'unité seule des poids. Mais cela n'est pas.

DID. — Et pourquoi cela n'est-il pas?

ANT. — Croyez-vous qu'il convienne que l'unité première tienne le milieu entre les multiples et ses subdivisions?

DID. — Oui, que cette unité tienne ainsi le centre, cela convient.

ANT. — Mais si le litre d'eau était le poids du gramme, celui-ci n'aurait presque point de multiples, et ses subdivisions seraient trop nombreuses.

DID. — Je ne vois pas cela.

ANT. — Si le gramme répondait exactement au litre, il ferait deux livres anciennes. L'hectogramme ferait.....

DID. — Deux cents.

ANT. — Cette mesure de pesanteur ne saurait être que trop peu maniable... Le gramme aurait donc le déca seul pour multiple, et ses subdivisions auraient besoin de descendre jusqu'au millionième?

FÉL. — Si cela était, qui est-ce qui y trouverait à redire?

ERN. — Ce ne serait pas moi, déjà, qui contredirais cet arrangement: car s'il avait un inconvénient d'une part, je m'en dédommagerais d'une autre par la vue de plusieurs correspondances faciles à saisir. Si le gramme était le poids d'eau d'un décimètre cube ou d'un litre, un décilitre pèserait un décigramme, le centilitre un centigramme, et le gramme serait le poids d'un...

Bert. — Achevez donc... vous n'osez déjà nommer le millième du litre, que ferez-vous pour établir les subdivisions inférieures ?

Did. — Cela n'irait pas, ma chère Ernestine ; ce qui est fait est bien fait ; conformons-nous-y ; habituons-nous à considérer le litre d'eau, comme faisant de son poids celui de mille grammes.

Ern. — Mille ne paraissent guère pourtant faire une unité.

Bert. — Notez que ces mille ont une dénomination qui les singularise, un kilogramme. A quelle partie du litre répond un hectogramme ?

Did. — Nécessairement au décilitre. Déci d'un côté, hecto de l'autre ; n'importe, puisqu'il faut en passer par là. Le décagramme en conséquence doit répondre au centilitre.

Ern. — Et comment nommerons-nous le propre père du gramme ? Il faudra bien que ce soit un millilitre.

Bert. — Faites ici une observation dont vous reconnaîtrez plus tard l'importance. Un gramme étant le poids d'un centimètre cube d'eau et le décimètre cube formant un litre et mille grammes, combien un décimètre cube a-t-il de centimètres cubes ?

Ern. — Je n'oserais le dire, tant cela me paraît étonnant.

Did. — Les carrés sont bizarres ; avec eux dix décimètres ne feraient pas un mètre, et les cubes sont traîtres. Notez bien ce que je vous dis.

Bert. — Pour vous apprivoiser avec la formation de ces diverses mesures, il faut analyser le mètre cube qui est l'origine d'où elles sont prochainement sorties, le décomposer, le disséquer, pour ainsi dire.

Dict. — Pour disséquer le père avec les enfants, que l'on ne vienne pas me chercher.

Fél. — Qu'est-ce qu'il y a dans ceci qui puisse vous effaroucher tant, j'aborderais bien tous ces êtres métriques , moi, sans craindre ni trahison , ni bizarrerie. Rappelez-vous-en vous-même les concordances. Vous craignez la confrontation des mètres et des carrés et des cubes avec leurs sous-multiples ; vous ne vous souvenez donc pas comme ils se concilient. Le stère ou mètre cube n'a que dix décistères, le centiare n'est pas un millième d'are ; son nom n'en désigne qu'un centième. Le décilitre est la dixième partie du litre ; le décigramme est la dixième partie du gramme , et tout cela, comme le décimètre, est la dixième partie du mètre linéaire.

Dɪᴅ. — Tant qu'il serait uniquement question du résumé que vous nous faites, rien ne nous gênerait ; mais j'ai quelque part ouï parler de cent dixièmes pour une seule unité, et on nous menacerait de mille?

Aɴᴛ. — La menace ne serait pas redoutable , et son effet ne pourrait que vous être fort utile. Lorsqu'il ne s'agit que de la longueur d'un décimètre, par exemple, de moins sur un cordon, ce ne serait toujours qu'un décimètre de moins ; et sur un carré comme d'une toile , d'un drap , le mécompte serait déjà multiple : mais sur un cube , ne fut-ce que de pierre ou de terre, et ce peut être de bois, l'erreur serait d'une conséquence bien au-delà de votre pensée.

Bᴇʀᴛ. — Il vous importe donc de savoir nettement de quelle manière se comporte le mètre dans ses différentes formes et dans le nombre de ses parties.

Fᴇ́ʟ. — Dans les cas supposés, ce ne serait une différence que de quelques décimètres qui ne valent pas la peine qu'on y prenne garde.

Eʀʀ. — Dans les solides un peu plus, dans les surfaces un peu moins , c'est à quoi peut se borner l'attention qu'on y ferait ; on sait bien ce que c'est qu'un décimètre.

Aɴᴛ. — Dans un morceau de drap qui n'aurait qu'un

décimètre de moins en deux sens, vous ne feriez donc attention qu'à un décimètre?

Did. — Je me doute bien que la différence serait plus grande ; mais quelle serait-elle au juste ? c'est ce que je ne sais pas.

Ant. — Un cube manquerait d'un décimètre seulement de côté, quelle diminution feriez-vous dans le volume et la valeur de l'entier?

Fél. — Cela se jugerait par approximation.

Ern. — Il faudrait baisser l'évaluation plus que pour une longueur, on s'en doute bien ; l'objet formant un carré de trois sens, le décimètre manquerait au triple.

Did. — Le défaut du décimètre se répétant en long, en large, en hauteur, cela ferait je ne sais combien.

Ant. — Si vous aviez à construire un demi-mètre de copeaux, quelles dimensions lui donneriez-vous, Ernestine ? vous seriez peut-être assez embarrassée.

Ern. — Croyez-vous que je ne sache pas bien qu'un mètre ayant dix décimètres, la moitié est cinq. J'étendrais donc bravement une couche de cinq décimètres en long, 5 décimètres en large, et j'élèverais mon édifice à la hauteur de cinq décimètres.

Fél. — Je ne ferais pas mieux. Quelle autre combinaison possible?

Did. — Je ne soupçonnerais dans celle-ci ni erreur ni injustice.

Ant. — Mais vous, Corinne, qu'en pensez-vous ? vous n'en dites rien.

Cor. — Ce n'est pas que je n'aie rien à dire. Vos petites propositions m'intéressent d'autant plus que je les ai vues dans leur existence réelle. J'hésitais de vous raconter plusieurs aventures de ce genre ; mais à votre instigation d'en dire mon sentiment, je ne puis résister à l'envie qui me presse de vous en raconter une qui vous intéressera?

Une jeune personne, voyant un cube de beau bois, veut en faire l'emplette, et en demande le prix. C'est dix francs le stère, lui répond le marchand, et je vous garantis celui-ci pour être complet. Puis il fait envisager la forme du carré cubique et en démontre la rectitude. Il y en a, dit-il, qui resserre deux angles, ce qui diminue le volume sans influencer les côtés. Mais voyez ici comme les diagonales s'accordent. L'acheteuse ne peut disputer sur la forme; mais étant munie d'une bonne mesure métrique, à la première apposition, voilà un décimètre absent, et qui ne se trouve sur aucun côté. Le vendeur, obligé d'avouer le déficit, offre une déduction sur le prix. Dix francs font mille centimes, c'est ainsi qu'il s'énonce; je vous en céderai 50. L'autre encore assez ingénue, lui en demande 60. Je présume qu'ils n'avaient raison ni l'un ni l'autre; c'est à vous d'en juger plus exactement. Tel est sur le premier cas tout mon avis que devrait précéder une autre cause analogue à votre proposition dernière.

Fél. — Que l'acheteur et le vendeur n'avaient raison ni l'un ni l'autre, c'est ce qu'il faudrait prouver.

Ern. — Quel était au vrai le déficit en question? c'est ce qu'il s'agit de chercher.

Did. — Quel était le nombre absent des parties du stère intégral, et la somme à rabattre de son prix, c'est ce que je ne me vante pas de découvrir.

Cor. — Madame la présidente, il ne reste que votre assistance et vous, tant pour instruire le procès, que pour prononcer le jugement.

Ant. — Il n'est pas louable que nous soyons les seules à juger un débat que nous avons suscité nous-mêmes, de peur d'être juges dans notre propre cause, ou plutôt de ne vous éclairer qu'à demi. Veuillez donc nous faire part de votre second témoignage, dont la discussion, d'après votre incidence, paraît être de nature à nous adjoindre des associées.

Cor. — La part à vous en faire sera bientôt faite. Il s'agit tout simplement d'un cube d'écailles d'abatage , portant de côté cinq décimètres, et dont personne jusqu'ici n'a voulu.

Ern. —Pourquoi donc ? il n'est donc pas de bon bois ?

Cor. — Oh ! parfaitement bon , je vous assure.

Ern. —Pourquoi donc, encore une fois, personne n'en a-t-il voulu ?

Cor. — Parce qu'on le trouvait trop faible pour un demi-stère.

Ern. — Il n'a donc pas les dimensions que vous dites ?

Cor. —Il les a comme je le dis, et très-loyalement mesurées , même.

Ern. Ces refuseurs-là sont bien difficiles.

Cor. — Le prendriez-vous pour un demi-stère , vous ?

Ern. — Oui-dà ; ne serait-ce que pour leur faire la barbe , à tous ces méticuleux-là.

Cor. —Mais le prix du stère complet, c'est dix francs, songez-y.

Ern. —En ce cas, je n'ai que cinq francs à débourser, et ce bon bois, au volume d'un demi-mètre en tous sens, très-loyalement mesuré , est à moi.

Did. —Je crains bien que vous ne fassiez folie.

Ern. — Et moi je ne le crains pas, et d'autant moins que si le cube n'a pas les dimensions garanties, j'aurai mon recours.

Bert. — Cependant un calcul aisé va déjà vous rendre suspect l'état de votre marché. Il suffit de multiplier deux fois par lui-même le nombre de cinq décimètres.

Fél. — Je me charge de cette opération... 5 fois 5 font 25... $25 \times 5 = 125$.

Bert. — Ce résultat ainsi nûment posé n'est qu'un nombre abstrait, concretez-le donc.

Fél. — Je ne sais ce que vous voulez dire.

Bert. — Spécifiez vos 125. Qu'est-ce que cela signifie ?

Did. — Permettez... Vous deviez dès l'abord exprimer vos décimales de manière à ne pas vous y méprendre. Tenez : $0^{m.} 5 \times 0^{m.} 5 = 0^{m. car.} 25$, $\times 0, 5 = 0,^{m. cub.} 125$, et voilà.

Fél. — Qu'est-ce que cela fait ?

Did. — Prononcez.

Fél. — Cent vingt-cinq millimètres. 125 millimètres de bois... Il n'y a pas de quoi faire une soupe à l'ognon.

Did. — Et cependant, je réponds d'avoir bien opéré.

Bert. — Sans doute, l'opération est dans toutes les formes.

Ern. — Cela n'est pas possible. Je n'y comprends rien.

Did. — Je n'y comprends rien, moi-même non plus, ce sont de ces étrangetés qui m'ont brouillé avec les cubes.

Ern. — Peste soit des cubes, va.

Did. — N'avais-je pas raison de dire qu'ils sont traîtres ?

Ern. — Vous me voyiez bien d'accord avec vous, au premier aperçu ils paraissent inaniables, employez-les, ils vous jettent dans un inconcevable désappointement ; qu'on ne m'en parle plus.

Ant. — Mais vous ne pouvez vous en passer ; tous les jours vous serez engagée avec eux, et vous l'êtes maintenant plus que jamais. Il faut pourtant sortir de l'embarras où vous a jetée votre imprudence.

Ern. — J'en appelle à vous du jugement qui me consterne. Est-il vrai qu'au lieu d'un demi-stère je n'aie que 125 millimètres?

Ant. — A vous dire ce vrai que vous demandez, vous avez 125 millièmes de stère.

Ern. — Vous ne me rassurez pas. Un stère étant un cube d'un mètre, 125 millièmes ne changent rien à mon affaire.

Ant. — Pardon; 125 millièmes de stère ce n'est pas la même chose que 125 millimètres.

Did. — Y a-t-il donc là-dessous quelqu'enchantement? On me fera plaisir de m'en ouvrir le secret. Je réfléchis, et je vois que je puis tomber dans une erreur de cette nature. Ne pouvant nous dispenser de l'usage du cube, nous risquons d'être dupes ou de commettre involontairement quelqu'injustice.

Bert. — Ha! ha! L'on reconnaît donc maintenant la nécessité de connaître à fond le mètre cube ! Mais pour le connaître à ce point, il faut, comme je l'ai dit, l'analyser, le décomposer, le disséquer, en quelque sorte dans toutes ses parties, tant internes qu'externes.

Did. — J'en passerai par toutes vos démonstrations pourvu que je sache me servir exactement de cette mesure indispensable.

Ern. — Et moi aussi, pourvu que je découvre mon droit qui vient d'être mis en danger.

Fél. — Je n'ai rien à perdre ; mais je serais fâchée de faire tort à qui que ce soit, je profiterai de la leçon.

Cor. — Quoique je ne sois pas tout-à-fait novice en cette matière, j'espère qu'une démonstration lucide, qui vous l'éclaircirait, ne me nuira point.

Ant. — On ne saurait être mieux disposé en faveur du mètre cube. Bertose, nous sommes à vous.

Bert. — Je me garderai bien de mésuser d'une

attention si bienveillante. Jetez d'abord les yeux sur ce petit appareil. (*Tenant la forme du décistère, ou figure* 2). Je le suppose d'un mètre de côté. Ces intervalles seront donc des décimètres au nombre de dix , de dix en ce sens et en cet autre. Placés bout à bout et en ligne directe, il est clair qu'ils feront 20 décimètres ou 2 mètres ; mais placés en angle comme ils le sont ici , ils demandent à être multipliés les uns par les autres, pour évaluer la superficie qu'ils comprennent. D'un seul trait , 10 fois 10 font 100, voilà le nombre de décimètres carrés que contient le mètre en superficie.

Ant. — Vous trouviez surprenant, vous, Didamie , que le mètre carré contienne cent décimètres carrés , le voyez-vous en ce moment?

Did. — Me voici suffisamment désabusée.

Bert. — Mais ce carré que vous voyez n'est pas une simple surface , notez bien. Il a une épaisseur qui est celle d'un centimètre que nous supposons un décimètre. Chacun de ces décimètres est donc un décimètre cube , et il y en a cent , ce sont donc cent décimètres cubes.

Ant. — Remarquez bien la différence entre le cube et la surface.

Did. — La surface n'a pas d'épaisseur ; le cube en a une qui est ici d'un décimètre et qui est commune à ces cent décimètres.

Ant. — Si l'un de ces carrés était détaché, (*montrant un petit cube d'un centimètre*), voici quelle forme il aurait... six faces égales. C'est celle que l'on nomme communément d'un dez à jouer. Mais quoique ces cent cubes adhèrent fortement ensemble, il n'en ont pas moins intrinsèquement cette forme.

Bert. — Maintenant quelle partie du mètre cube font ces cent décimètres cubes ainsi rangés ; et d'abord combien en renferme le stère. Supposons dix tranches, comme celle-ci, l'une sur l'autre ; il est évident que la supérieure serait à la hauteur d'un mètre. Quelles conclusions à tirer de là ?

Cor. — Ces tranches ainsi superposées composent le mètre cube avec tous ses décimètres marqués dans l'intérieur et en dehors. Ces tranches étant au nombre de dix, et chacune de cent décimètres cubes, le nombre que renferme de ceux-ci le stère n'est plus douteux.

Did. — C'est manifestement mille décimètres cubes, que contient le mètre cubique. Je le vois à présent de mes yeux. Démonstration aussi claire qu'importante.

Cor. — Et cette tranche de cent décimètres cubes, quelle partie fait-elle du stère ?

Ern. — Puisqu'il en a dix semblables à celle que j'ai sous les yeux ; celle-ci en est donc la dixième partie.

Did. — Voici donc enfin le décistère. Je le vois composé de cent décimètres cubes.

Cor. — C'est une ressemblance que possède avec lui le mètre en surface qui contient aussi cent décimètres, dont le défaut d'épaisseur fait la différence avec les solides. Mais cette forme n'est pas essentielle au décistère.

Ant. — N'oubliez pas une remarque double et très-essentielle, c'est qu'en surface il ne faut pas moins de cent décimètres pour faire l'unité, et dans les solides pas moins de mille. Un décimètre carré est donc le centième du mètre carré, et un décimètre cube le millième du mètre cube ou du stère. Souvenez-vous-en surtout, et que dans vos calculs ce principe nécessaire ne manque jamais à votre mémoire. Il n'appartient qu'au seul mètre linéaire de n'excéder pas dix décimètres.

Ern. — Mais avec tout cela me voici toujours sans

savoir ce que j'ai dans mon cube de 5 décimètres de bois qui me coûte 5 francs.

Bert. — Mais avec tout cela si vous l'ignorez encore, c'est que vous le voulez bien. Car au moyen des documents ostensibles qui viennent de vous être communiqués, vous voyez qu'un millième de stère est un décimètre cube ; qu'il en faut par conséquent mille pour égaler le stère complet, et cinq cents pour la moitié.

Ern. — Mes 125 millièmes ne sont donc pas la moitié du demi-stère.

Did. — Non. Vous n'avez pas même le quart du stère, au lieu du demi sur lequel vous comptiez, et vous n'en avez que le demi-quart, ce que vous pouvez vérifier.

Ern. — Et encore combien est-ce que je perds?

Did. — Le stère étant de dix francs, qui font mille centimes, le décimètre est d'un centime. Vous n'avez donc dans vos 125 millièmes que pour 1 fr. 25 cent. Vous perdez le reste jusqu'à 5 francs.

Ern. — Voilà, je puis le dire, une fière leçon que je viens de recevoir.

Con. — Cette leçon sans doute vaut bien 5 francs 75 cent.

Ern. — C'est un peu cher ; mais on ne m'y prendra plus.

Pause.

Fél. — Dites donc, Bertose, mes 125 étaient cent vingt-cinq décimètres cubes. N'est-ce pas la même chose que cent vingt-cinq millièmes de mètre cube ?

Bert. — Pourquoi ne me l'avez-vous pas dit dans le moment ?

Fél. — C'est que je ne le savais pas encore.

Bert. — Comment l'avez-vous appris ?

Fél. — Par les démonstrations lucides que vous avez su nous faire.

Bert. — Je suis fort aise que mon petit expédient vous ait déjà si bien servi, et qu'il ait été l'arbitre dans la cause du demi-stère.

Cor. — Mais il doit nous être utile aussi dans le déficit intégral d'un décimètre en trois sens au stère exact, et pour le prix et pour la quantité.

Bert. — Il faut donc reprendre mon modèle de décistère suivant votre exposition, le manquement d'un décimètre s'étend non pas seulement sur trois côtés, mais sur toute l'étendue de trois faces. Voilà trois couches de moins. Approximativement trois décistères ou trois cents décimètres cubes manquant. Je dis approximativement, parce que la première lame étant ôtée, les deux autres n'ont plus cent décimètres chacune. La seconde en a dix de moins et la troisième dix-neuf. Ce qui fait 300 moins 19.

Ant. — Cette remarque ne se concevrait guère qu'avec un retour et un prolongement d'attention. Si vous étiez pourvue des mille cubes décimétriques d'un stère, elle serait à l'instant saisie.

Bert. — Comme il faut suppléer aux pièces qui me manquent, je vais diversifier l'emploi du peu que j'en ai. Un décimètre manquant aux trois dimensions, voyons d'abord ce qui manque au décistère.

Cor. — Il y manque 20 décimètres ; 10 de chaque côté.

Ant. — Faites à cet examen, je vous prie, un retour d'attention, et vous verrez que 10 ôtés en un sens, il n'en reste plus que 9 à l'autre. Ce qui fait 19 décimètres de moins au décistère.

Did. — Et comme il y a dix lames.

Bert. — Non pas. Il en manque une entière. Ainsi, il ne s'agit que de 9 fois 19.

Did. — 9 fois 19 = 171.

Bert. — Et une lame entière qui manque.

Did. — 171 + 100 = 271.

Ern. — Que reste-t-il au stère ainsi mutilé ? Je puis bien le qualifier de la sorte, puisqu'il est tronqué dans ses trois membres.

Cor. — On peut le voir par une soustraction ou par la double multiplication ordinaire.

Bert. — Vous l'allez voir aussi de vos yeux. (*Montrant le décistère*, fig. 2). La base n'étant que de 9 sur 9 $=$ 81 qui $\times$ 9 $=$ 729... De 729 à 1000, combien ?

Cor. — 1000 — 729 $=$ 271.

Bert. — Preuve de la justesse de l'opération précédente.

Ern. — Le marchand devait ajouter 271 décimètres à sa livraison d'un stère.

Cor. — Il n'est pas possible de les mesurer.

Did. — C'est pourquoi sans doute il préférait sur le prix une déduction qui devait être de 271 centimes ou 2 fr. 71 c. Comment osait-il n'en offrir que 30 cent., et comment l'acheteuse se contentait-elle de 60 ?

Cor. — Le marchand ne comptait que dix décimètres en moins sur chacune des trois dimensions, et l'acheteuse prétendant que les dix décimètres manquaient sur les six faces, croyait n'avoir droit justement qu'à la réclamation de six fois dix centimes.

Ern. — Ainsi, sans le savoir, elle demandait à perdre 2 fr. 11 cent.

Fér. — Ce que c'est, pourtant, quand on ne sait pas.

Ant. — La mesure sera vraisemblablement plus souvent trop resserrée que trop étendue. Cependant s'il arrivait que le cube formé pour un stère portât un décimètre en excès sur ses dimensions, quel serait l'excès total ?

Did. — Ne le savons-nous pas en nous reportant au nombre du défaut ?

Cor. — Vous voulez dire qu'un décimètre en moins

dans les dimensions, retranchant du stère 271 décimètres cubes, un décimètre en plus en ajouterait autant.

Did. — C'est bien là ma pensée.

Cor. — Je ne partage pas votre avis. Les couches recevant un décimètre de plus à leurs deux côtés, doivent nécessairement être plus étendues. De quelle quantité? Je l'ignore en ce moment.

Bert. — Vous ne tarderez pas à le voir. (*Prenant le décistère, ou figure* 2). Dans le cas cité, le décistère admet une surcharge de 1 décimètre en ses deux dimensions. La planche entière contient 11 fois 11... 121 décimètres : ce qui fait déjà 121 de surplus. Comptant d'abord 10 planches semblables, voilà 210, et une planche de 121 ; voilà 331 et non 271.

Cor. — La différence entre l'excès et le défaut est donc : 331—271 = 60.

Bert. — Je pourrais vous montrer la place qu'occuperaient ces 60 décimètres cubes ; mais n'ayant pas à ma disposition les pièces métriques dont j'aurais besoin pour cet effet, ma démonstration n'en serait pas facile à saisir. Cependant je ne la crois pas indigne d'un temps plus loisible que celui-ci, destiné à des recherches plus utiles.

Did. — Comme le nécessaire nous suffit, votre appareil est assez complet ; puisque nous pouvons toujours user de la double multiplication ordinaire qui est ici : $11 \times 11 = 121 \times 11 = 1331$. Ce qui fait bien en plus les 331 décimètres que vous venez de nous montrer. Vous avez donné la preuve avant la règle.

Bert. — Ou plutôt la pratique avant la théorie. N'est-ce pas le bon moyen de savoir ce qu'on fait que de suppléer de la sorte à la routine incomprise des opérations de l'arithmétique?

Fél. — Cela ne m'empêchera pas, quand j'aurai à

faire l'estimation d'un manque ou d'un surplus dans un coupon de drap, de me passer de votre appareil. Un coup-d'œil m'en dit assez.

Cor. — Vous abandonnez les cubes pour tomber dans les surfaces. Je ne sais si vous vous en apercevez.

Fél. — Ce n'est pas sans motif que j'agis ainsi. Les carrés étant moins sujets à difficultés, me reposeront.

Cor. — Pour être moins sujets à difficultés, il n'en sont pas pour cela sans danger d'erreurs, contre lesquelles peut vous prémunir la méthode ingénieuse que vous semblez dédaigner.

Bert. a Fél. — Si, par exemple, la lisière de votre coupon n'était que de 9 décimètres, et que sa largeur fut de 11, voudriez-vous nous montrer en ce cas la justesse de votre coup-d'œil.

Fél. — Alors le fort compensant le faible, j'aurais juste un mètre carré.

Bert. — Puisque vous avez tant de confiance en votre coup-d'œil, vous feriez bien de le diriger sur ce carré marqué de 10 décimètres de côté. (*Expérience*).

Cor. — Et si un objet de cette nature s'étendait de 11 décimètres sur 13... sur 15...

Ern. — N'a-t-on pas la ressource de la multiplication ?

Cor. — Bon ! je vous vois prendre la plume pour une minutie, et agir machinalement. Heureuse encore si vous ne commettez pas quelque bévue ! Au lieu qu'éclairée par notre procédé démonstratif, vous voyez toutes les surfaces partielles rangées, dans leur ordre naturel, aux deux côtés du mètre carré, et vous n'avez qu'à dire : 5 fois 10 et 15 = 43... ou 15 et 5 fois 10 = 65 décimètres carrés en sus du mètre.

Bert. — Je ne veux pas dire pourtant que dans ces

sortes d'opérations il faille avoir toujours sous les yeux
cette forme matérielle ; mais j'entends seulement qu'on
se soit exercée aux différentes combinaisons de ses
parties, et qu'on soit en état de s'expliquer le mécanisme de la multiplication. Sans doute nous nous trou-
vons fort bien de l'employer, et nous y sommes le plus
souvent forcés ; mais la multiplication ne fut-elle que
d'objets séparables les uns des autres, et non de surface,
nous nous représentons aussitôt un carré parfait, ou
un carré long, appelé rectangle, qui est limité par
les facteurs et rempli par le produit.

Ant. — Ce produit est-il multiplié par un autre
nombre ? Nous croyons voir la ligne de ce nombre
s'élever perpendiculairement à la base ; et un second
produit former un cube qui remplit un encaissement
préparé par cette base et cette ligne verticale.

Si j'ai des vœux à former, je mets bien de leur
nombre celui que cette considération soit entendue des
calculateurs qui établissent des cadres immatériels,
qu'ils comblent sans le savoir, et qu'ils ne savent remplir.

Did. — Pourquoi ce ton qui tient de l'oraculeux
dans une matière qui paraît si peu le comporter ?

Ant. — Si mes désirs sont dépourvus de fondement, comment une demie multipliée par une demie,
donne-t-elle un quart ? Comment le nombre 5 dixièmes, qui est encore une demie, étant multiplié
deux fois par lui-même, ne donne-t-il qu'un demi-
quart ? Vous en déduirez peut-être quelques raisons ;
mais grâce à quoi ? Si l'on veut me censurer, que
l'on me dise donc en outre pourquoi en multipliant
0 fr. 05 par 0 fr. 05 de franc on n'obtient que 0,0025
dix millièmes de franc, ou en fraction ancienne $\frac{1}{400}$.
Tandis que quand vous multipliez 5 centimes par 5
centimes, mêmes valeurs, vous dites 25 centimes,
comme si 1 sou multiplié par 1 sou donnait 5 sous...

Pourquoi le produit de 5 décimes multiplié par 5 décimes est-il 9 décimes, lorsque les mêmes quantités 5 dixièmes de franc multipliés par 5 dixièmes de franc, ne produisent que 9 centièmes de franc?.. Qu'on me dise par quel amalgame 0 fr. 50 $\times$ 0 fr. 50, font 0,2500 dix millièmes, tandis que 5 décimes $\times$ 5 décimes, feraient 25 décimes, et que 10 sous $\times$ 10 sous, en font 100, ou 5 francs? Voilà de quelles bisarreries apparentes il faudrait me donner raison; mais je défie qu'on m'en ouvre nettement les secrets, sans recourir aux carrés et aux cubes.

Bert.—Nous avons encore à nous en occuper un instant des carrés et des cubes, tant pour nous faciliter l'intelligence des mesures de contenance et de pesanteur, qui se déduisent des cubes et des surfaces, que pour détruire le spécieux du désaccord qui paraît exister dans la correspondance des unités entières de ces mesures avec leurs diverses parties.

Did. — Nous sommes toutes bouleversées de ce que nous venons d'entendre, mais ce que vous annoncez, j'espère, nous raccommodera, même en nous faisant comprendre les vrais rapports du litre divisé avec le gramme multiplié.

Enn. — Oui, mettez-nous en état de confronter les multiples du gramme avec les divisions du litre, et que nous puissions en retenir les significations.

Cor. — Suppléez à ce contraste embarrassant de *déci, centi* d'un côté, et *hecta, déca* de l'autre.

Ant. — Devriez-vous croire que cela fut possible, lorsque le kilogramme allant de front avec le litre, celui-ci commence par un et l'autre par mille. S'ils s'élèvent ensemble de dix, le kilo peut-il devenir autre que myria, et le litre déca? S'ils baissent tous deux d'autant, le litre nécessairement n'est que déci, lorsque le kilo est encore hecto, et ainsi de suite.

Fél. — Si le litre pouvait être considéré comme

formé de mille unités, cela ferait bien notre affaire.

Bert. — On peut aussi le considérer comme tel, étant un cube d'un décimètre vide, à la vérité, mais pouvant se mesurer comme les solides et fait d'ailleurs pour être empli.

Ant. — Sachez avant tout qu'un vide se mesure comme le solide qui le remplit.

Ern. — Nous le voulons bien.

Fél. — On n'a qu'à remplir ce creux carré avec de la cire fondue, quand elle sera prise, cela fera tout justement notre solide.

Bert. — Nous devons le remplir de l'eau la plus froide possible; celle de la glace en fusion.

Fél. — Est-ce pour qu'elle soit plutôt gelée; car mesurer de l'eau avec une règle d'un mètre, cela ne paraît guère commode.

Cor. — Votre imagination ne peut-elle pas suppléer à ce qui n'est pas de nature à frapper vos yeux?

Fél. — Allez-vous mesurer votre décimètre cube d'eau?

Ant. — Le décimètre cube est en petit ce qu'est en grand le stère, dont les côtés disponibles se partagent en dix. Ce qui est décimètre d'un côté, sera centimètre de l'autre. La mesure d'un mètre cube étant $10 \times 10 \times 10$ décimètres, celle du litre cubique sera 10 multiplié deux fois par 10 centimètres.

Cor. — Ainsi, mille décimètres au stère, mille centimètres au litre empli d'eau.

Bert. — Ne pourrions-nous pas appeler gramme les centimètres cubes d'eau du litre, et le litre devient le kilogramme qui lui-même est un cube contenant mille de ces centimètres.

Did. — Par cet arrangement, je conçois que le litre d'eau est mille grammes, comme le kilogramme est mille parties du litre.

Bert. — Alors que sera le décilitre?

ANT. — Comme le décistère est le dixième du mètre cube, le décilitre est le dixième du décimètre cube.

BERT. — Le décilitre et le décistère sont donc les mêmes à la grandeur près. Ainsi notre modèle peut les représenter tous les deux. Ces cent décimètres cubes figurent donc les cent centimètres cubes du décilitre. Qui nous empêche de l'appeler hecto-centimètres cubes, et c'est l'hectogramme.

DID. — Ah! quelle lumière! voilà le dixième du kilogramme en parfaite harmonie avec le dixième du litre. Hecto des deux côtés.

BERT. — Du dixième du litre, si nous passons au centième, nous aurons le centilitre avec un modèle en petit du centistère, s'il est permis de le nommer ainsi.

ANT. — Il serait à propos de faire une petite digression là-dessus avant de procéder plus avant. Quoiqu'il soit peu d'usage d'employer ces dernières expressions, le besoin que nous en avons doit nous les faire pardonner. Que sera le centistère?

COR. — Le centième de mille décimètres cubes, et c'est le dixième de ces cent (*Montrant la surface du décistère, ou figure* 2), ou dix décimètres. (*Désignant du doigt*). Voici ces dix décimètres cubes dans cette rangée.

COR. — On ne saurait donner du centistère une idée plus nette.

ERN. — Oui, je vois très-bien que cette rangée représentant dix décimètres cubes, fait le centième des mille parties du stère ou mètre cube.

ANT.—Poursuivez ces inductions, et vous vous ferez du centistère une idée encore plus marquante.

ERN. — Je n'imagine rien de plus.

ANT. — Ne pouvez-vous pas concevoir un stère composé de cent bûches d'égale grosseur et de la portée d'un mètre ? A cette conception , qu'êtes-vous en état de conclure?

Ern. — Que chacune de ces bûches est un centistère.

Fél. — Ou un centième de mètre cube.

Bert. — Pas tout-à-fait.

Fél. — Comment donc ? Ne disons-nous pas stère ou mètre cube?

Bert. — Ne savez-vous pas aussi que le nom de stère s'emploie pour le bois de chauffage, plutôt que pour d'autres matières ? La raison probablement en vient de ce qu'un tas de morceaux de bois laisse des vides que n'a pas un bloc.

Fél. — Je ne veux que cette courte observation pour concevoir que les centièmes de mètre cube étant à angles vifs sont des parties complètes , au lieu que les bûches n'ont pas cette régularité.

Ant. — Ainsi le centistère occupe la place du centième de mètre cube sans la remplir complètement.

Bert. *montrant une rangée de parties sur son modèle.* — Mais ces dix cubes étant pleins , représentent en grand le centième du mètre cube. Ce n'est pas tout. Au degré qu'ils sont , véritablement , centimètres cubes , ils offrent l'espace du centilitre , que nous pouvons supposer rempli d'eau froide.

Did. — Alors ces 10 centimètres cubes sont dix grammes. Encore un peu , je dirais : un centilitre d'eau froide pour désigner un décagramme ?

Cor. — Que ne dites-vous aussi : déca-millilitre pour le même poids ?

Fél. Dix millilitres , dix centimètres , dix grammes ; cela s'accorde à merveille , dix par-ci , dix par-là.

Bert. *indiquant toujours du doigt la même rangée de centimètres cubes, ou figure 5.* — Ces dix cubes étant le décagramme ou dix millilitres , où est le millilitre ou le gramme?

4*

DID. — Il saute aux yeux. Tout est dit.

BERT. — Mais au moins, résumez.

ERN. — Nous résumerons en notre particulier.

Nota. Ce résumé sera... sur un décimètre cube : voici le décimètre cube, le litre, kilocentimètre cube, en même temps le kilogramme. — Sur la forme du décistère, le décilitre. Voici les cent centimètres cubes, hecto centimètre, en même temps l'hectogramme sur le centistère : voici pour le centilitre les dix centimètres cubes, deux centimètres, en même temps le décagramme : enfin le millilitre et le gramme. (*fig.* 4e).

CINQUIÈME CONFÉRENCE.
PREMIÈRE PARTIE.

INTERLOCUTEURS :

**AUZOUT, BITON, CALLET, DEMOIVRE,
ESTONE, FRUMENCE.**

DEMOIVRE *écrivant sur le tableau noir la multiplication de* 12 ^{m}. 8 ^{dec}., par 7 ^{m}. 6 ^{dec}.

CALLET. — Peut-on vous demander ce que vous faites ?

DEM. — Je cherche la superficie géométrale d'un corps-de-logis dont les côtés sont de 12 ^{m}. 8 en longueur, et 7 ^{m}. 6 en profondeur... Je trouve 97 ^{m}. 28.

CALL. — Voudriez-vous m'exprimer la surface totale de cette maison avec le jardin attenant, qui contient 2 ^{ares} 45 ^{centiares} ?

ESTONE. — Ce n'est, ce me semble, qu'une addition que vous demandez, permettez-moi de la faire... il s'agit d'abord de placer exactement les unités sous les unités, les dixièmes sous les dixièmes, les centièmes sous les centièmes. (*Il place* 2 ^{ares} *au rang des* 7 ^{mètres}).

BITON. — Vous confondez les ares avec les mètres, que peut-il venir de cette confusion ?

EST. — Comment faire autrement?

BIT. — Réduisez les deux nombres en même espèce.

EST. — Qu'avait-on besoin de les faire d'espèce différente ?

BIT. — Ne savez-vous pas que les terrains s'estiment en ares, et les autres surfaces, plus restreintes, en mètres carrés ?

EST. — Réduirai-je les mètres en ares, ou les ares en mètres, à quelle alternative me déterminer?

Bit. — Le plus grand doit l'emporter.

Est. — Ce sera donc le nombre des mètres, qui est ici 97, l'autre n'étant grand que 2.

Bit. — Mais ce 2 est plus que 97.

Est. — Voilà qui est bien étrange que 2 soit plus que 97.

Bit. — Faites donc attention que ce dernier nombre n'exprime que des mètres carrés, tandis que l'autre exprime des ares.

Est. — Et quand cela serait encore.

Auzout. — C'est assez pour que les 97 désignent moins que les 2 dont un seul vaut 100 des autres. On sait qu'un are est composé de 100 mètres carrés, et que un mètre carré par conséquent est le centiare. Ces 97 sont donc des centiares que vous devez faire correspondre avec les 45.

Frumence *prenant le crayon*. — La besogne est toute mâchée... 5 et 7 font 12... 5 et 9 font 14... 1 de retenu et 2 = 3... 3 ares 42 centiares, pour le sol de la maison et du jardin ensemble. = Ce n'est qu'un jeu que ces grandes surfaces, je me plairais à les manier. Je voudrais qu'au bout de ce jardin il se trouvât une grande chènevière, un grand pré, un grand bois. Que j'aurais de plaisir à les cotoyer tout du long et tout du large, et à combiner comme il faut, les ares et les centiares !

Auz. — Nous ne pouvons ici vous régaler du cotoiement d'un grand terrain, mais nous pouvons vous procurer le plaisir de manier comme il faut les ares et les centiares. Pour cet effet, je crois qu'il suffit d'offrir à votre diligente aptitude un rectangle en pré, de 670 mètres de long, et 96 de large. Du reste, la forme est régulière, vous n'avez pas à craindre.....

Frum. — Il n'est pas besoin d'explication. 670 mètres en un sens, et 96 en l'autre. Attention ici. (*Il pose le premier nombre et met une virgule à droite du 6, ce qui présente 6,70.*

Bɪᴛ. — Que faites-vous donc?

Fʀᴜᴍ. — Comme il ne s'agit pas ici du pavé d'une maison, mais d'un grand terrain, d'après la leçon récente, j'écris 6 ares 70 centiares.

Bɪᴛ. — Mais les ares sont des carrés, et vous n'avez à désigner qu'une longueur de 670 mètres. Ce ne sera que quand vous les aurez élevés au carré, en les multipliant par 96, qu'ayant des mètres carrés, vous pourrez les changer en ares. Multipliez donc, et vous aurez des ares.

Fʀᴜᴍ. — J'entends. (*Il prend le crayon et multiplie 670 par 96*).

Bɪᴛ. — Prononcez le résultat.

Fʀᴜᴍ. — Soixante et un mille trois cent vingt ares.

Bɪᴛ. — 61 mille 320 ares !

Fʀᴜᴍ. — Vous me dites que je multiplie, et que j'aurai des ares ; je multiplie et je dis des ares.

Bɪᴛ. — Oui, mais vous ne devez pas avoir autant d'ares que de mètres carrés ; et puisqu'il en faut 100 de ceux-ci pour faire un are, vous devez avoir cent fois moins que vous ne dites.

Fʀᴜᴍ. — Il faut donc encore une opération, peut-être plusieurs, je ne sais combien.

Eꜱᴛ. — Ça ne sera donc jamais fini?

Cᴀʟʟ. — Ce qui reste à faire, est si peu de chose, que l'on pourrait dire le calcul terminé, il l'est effectivement. (*Retranchant deux chiffres*). Tenez, voilà tout. Il ne tenait plus qu'à diviser le nombre en question par 160, et l'y voilà.

Eꜱᴛ. — Cela est juste. Le pré en question a par conséquent 613 ares 20 centiares.

Cᴀʟʟ. — Combien en hectares?

Eꜱᴛ. — Je ne sais.

Dᴇᴍ. — Cent fois moins encore ; puisqu'il faut cent ares pour donner un hectare. Deux chiffres étant retranchés dans 613, on a 6 hectares 13 ares 20 centi-ares.

Frum. — Vous en faites bien à votre aise, mes-sieurs, je ne vous contredis pas dans vos procédés, je n'y connais rien.

Call. — Quoi! vous ne savez pas encore que pour diviser un nombre d'entiers par 100, il suffit d'y re-trancher deux chiffres à droite, comme par mille, trois, et par 10, un?

Frum. — Montrez donc un peu, s'il vous plaît, que je voie?

Call. — 20 divisé par 10. (*Il retranche 0 à 20*). Tenez, 2,0... 200 divisé par 10 = 20,0... 2000 : 100 = 2,000.

Frum. — Je l'avais déjà entendu dire; mais je ne l'ai jamais si bien compris que par ces exemples.

Dem. — Les divisions par 100 sont communes dans les surfaces. Avons-nous 545 décimètres carrés? le 5 et le 4 étant retranchés, il reste 5 mètres 45 décimètres carrés, dont il faut cent pour un mètre carré.

Call. — Les divisions par mille dans les cubes ne sont pas moins fréquentes. Rencontrons-nous un nombre de 2545 décimètres cubes. Nous n'avons que 2 mètres. Les trois autres chiffres expriment des dé-cimètres cubiques, ainsi que les 2 mètres.

Auz. — A propos de formes cubiques, a-t-on re-connu l'évaluation d'un cube de 5 décimètres en ses trois dimensions?

Dem. — Je me suis assuré, à mon grand étonne-ment, qu'il ne valait que 125 décimètres, ou un demi-quart de stère. J'aurais voulu monter un demi-stère, et je n'ai su comment m'y prendre.

Bit. — Un raisonnement bien simple devait vous en donner la manière sans tâtonnement. Envisagez le mètre cube comme gradué de dix couches, chacune de 1 décimètre d'épaisseur. Ne supposez que cinq de ces couches, et c'est le demi-mètre cube, ou demi-stère. Il porte 10 à 10 décimètres sur 5 de hauteur. Une seule dimension du stère est divisée par deux.

CALL. — Je conçois que deux demi-dimensions formeraient le quart du stère.

DÉM. — Et je sais fort bien que le demi-quart est formé de trois demi-dimensions du mètre cube.

BIT. — D'autres combinaisons sans doute, en donnant d'autres formes, pourraient donner les mêmes résultats. Qu'importent quelles soient les trois dimensions, pourvu que par la double multiplication elles donnent 500 décimètres cubes pour le demi-stère, 250 pour le quart et 125 pour le demi-quart. Il ne s'agit pour cela que d'extraire la racine cubique du nombre que l'on a en vue.

EST. — Vous ne parlez que de cubes courts, je voudrais bien qu'on nous apprît à mesurer des cubes allongés.

AUZ. — Peut-on s'exprimer ainsi? un cube s'entend d'une figure à six faces égales, et n'a pas plus de longueur que de largeur, ni de hauteur.

EST. — On dit un carré long, je crois pouvoir en dire autant d'un cube.

AUZ. — Soit. Que ceci soit dit par extension seulement.

EST. — Eh bien! pourriez-vous m'apprendre à mesurer des cubes allongés, comme un soliveau, une poutre, un arbre équarri?

AUZ. — Vous allez avoir ce que vous désirez. Exercez-vous sur une pièce de bois portant 3 décimètres sur 4 de base, et 10 mètres 4 décimètres de longueur.

EST. — Les facteurs étant chacun d'un chiffre décimal, et le produit ayant deux chiffres décimaux, la base est 0,12 qui, multiplié par 10 mètres 4 = 1248, trois chiffres étant retranchés, reste 1 mètre 248.

AUZ. — Approuvez-vous ce résultat, Demoivre?

Dem.— Ne serais-je pas bien difficile , si je ne l'approuvais pas?

Auz. — Voudriez-vous y ajouter la mesure d'un arbre dont le contenu cubique se trouve de 2 mètres 82 décimètres ?

Dem. — Je ne demande pas mieux (*Il arrange ainsi les chiffres des deux nombres* + $\frac{1\ m\ 248}{2\quad 82}$

Auz. — Est-ce bien cela , Callet?

Callet. — Je me permettrai de demander à mon compagnon , s'il se souvient combien le stère a de décimètres cubes.

Dem. — Il en a mille.

Call. — Les décimètres cubes sont donc ici des millièmes. Voyez si vous avez mis vos 82 au rang des millièmes.

Bit. — L'observation de Callet est fort juste. Le nombre des décimètres cubes est susceptible de s'élever jusqu'à 999 , et doit tenir trois rangs, que l'on doit conserver disponibles pour un ou deux zéros , quand les dixaines ou centaines des décimètres cubes ne sont pas exprimées.

Call. — Mon camarade , sur ces documents, vous devez reconnaître votre erreur, et en même temps pouvoir la corriger, n'ayant que 82 décimètres , les centaines manquent, et vous n'avez que 82 millièmes de mètre cube.

Auz. — Il lui est d'autant plus facile de rectifier sa méprise , que les 248 qu'il a sous les yeux sont des millièmes de mètre cube , ou des décimètres cubes , et servent encore à le régler pour le placement de ses 82 décimètres.

Est. — Je croyais , moi, que dans 1 mètre 248... 2 étaient des décimètres , 4 des centimètres.

Dem. — Il est vrai que je les ai marqués comme vous dites ; mais je vois bien maintenant que j'aurais dû écrire : 1 mètre cube. Le reste alors, qu'est-ce que c'est?

— 89 —

Est. — 248 millièmes de mètre cube.

Dem. — En ce cas , profitez de mon erreur, et dites avec moi : 2 dixièmes de mètre cube , 4 centièmes , 8 millièmes de mètre cube.

Frum. — Et moi, je dis tout nettement : 248 décimètres cubes.

Est. — Vous avez raison et nous n'avons pas tort.

Auz. — Le mieux cependant serait de dire : 12 décistères 48 centistères.

Dem. — En voilà bien plus qu'il ne m'en faut pour corriger mes gaucheries. Si je prends mes 82 pour des millièmes , ils doivent être au-dessous des 48 millièmes. Si je les prends pour tels qu'on me les a donnés , pour des décimètres , ils seront également sous les 48 décimètres cubes, de cette manière : $+\ \frac{2}{2}$ m. cub. $\frac{248}{082}$ ou bien $+\ \frac{12}{25}$ décist. $\frac{48}{8}$ cent. Additionnez cela , Frumence , si cela vous amuse.

Frum. — C'est une bagatelle qui n'a plus de quoi m'instruire. J'aime mieux supposer le cas où il n'y aurait que 2 décimètres cubes.

Est. — Dans cette supposition , deux zéros garderaient la place des dixièmes et des centièmes de mètre cube , et les deux seuls millièmes tiendraient le rang des millièmes. Ou après 20 décistères un zéro serait en place des dixièmes de décistère.

Frum. — Ou en mètres cubes, les deux décimètres resteraient au rang des unités des décimètres cubes ; en attendant que pour être portés à l'unité , ils soient augmentés de 8 et précédés de deux 0 dont l'absence totale est marquée par deux zéros. Ou en décistère , etc.

Dem. — Voilà ces exemples mis au clair ; mais les réflexions auxquelles ils donnent lieu, ne le sont pas. Les décimètres, qui sont bien des dixièmes de mètre, sont tantôt des centièmes, tantôt des millièmes de mètre. Et tout en commençant cette dernière proposition, comment se fait-il que dans la multiplication de 3 décimètres par 4 décimètres, les 12 qui en sont le produit, ne soient que des centimètres ?

Est. — Mais oui, si je multiplie 3 décimes par 4 décimes, j'ai 12 décimes, et ce ne serait que si 3 et 4 étaient des centimes, que j'aurais des centimes au produit.

Bit. — La similitude n'est pas exacte. Vous supposez 3 entiers multipliés par 4 entiers ; vous devez trouver un nombre égal à 3 francs $\times$ 4 francs ; mais il s'agit de parties d'un mètre.

Dem. — Oui, de 3 dixièmes de mètre $\times$ 4 dixièmes de mètre qui devraient faire 12 dixièmes de mètre.

Bit. — Erreur ; vous supposez des dixièmes $\times$ des entiers. Vos 5 dixièmes doivent être multipliés par 4 autres dixièmes, et vous prétendez avoir autant que par 4 mètres. Faites-y donc attention.

Dem. — 0,5 $\times$ 4 font bien 12 aussi, et 12 dixièmes 1, 2.

Bit. — Mais dans le cas en question, le 4 exprimant des dixièmes comme le 3, votre produit en dernier lieu est donc dix fois trop grand. Placez votre virgule un chiffre plus haut, et 12 dixièmes sont 12 centièmes.

Avz. *Prenant le mètre carré ou figure* 1re — Voici une démonstration plus ostensible. Dès-lors que vous multipliez un nombre par un autre, vous établissez un carré apparent ou non. Voici 10 décimètres $\times$ 10 décimètres, qui font 100.

Dem. — Mais 100 décimètres.

Avz. — Prenez donc garde que la multiplication de ces deux nombres les change de nature. Elle les prend placés bout à bout en angle droit, et achève le carré, qui ne peut être moindre que de 100 parties. Une de ces parties est donc un centième. (*Montrant*). Ce décimètre carré est donc un centième de mètre carré. Effectivement, multipliez l'un par l'autre, deux côtés du décimètre carré.

Dem. — 0,1 décimètre $\times$ 0,1 $=$ 1, mais le placement de la virgule indique un centième 0,01.

Auz. — Voyez-vous que la multiplication change de nature les nombres fractionnaires. Les dixièmes ou centièmes, etc., sont toujours mis en rapport avec le carré de l'unité entière.

Bit. — On nous offre ici 3 dixièmes de mètre ; les voici (*montrant sur un rang de* 10 *décimètres linéaires*) : ces 3 dixièmes de mètre doivent être multipliés par ces 0,4 autres décimètres. (*Indiquant sur la ligne en angle droit*). 0,3 fois 0,4 font 12 centièmes, 0,12. Voyez s'ils ne font pas 12 parties de cent, qui forment le mètre carré ?

Frum. — Ne ferait-on pas bien de laisser ça là. On sait assez que faire des décimales dans les multiplications....

Call. — Si vous voulez ainsi vous en tenir à la routine, vous ne vous rendrez jamais raison de rien, et vous violerez les principes dans des cas qui contrediront vos courtes conceptions.

Frum. — Si je multiplie 3 dixièmes de franc par 3 dixièmes de franc, n'aurai-je pas la même chose que 3 décimes par 3 décimes, c'est-à-dire 9, non pas 9 francs, mais 9 dixièmes de franc, ou 9 décimes ?

Call. — N'annoncez-vous pas déjà que vous méconnaîtrez les principes, faute de les connaître ? Les décimètres avec vous seraient traités comme les pièces de dix centimes.

Frum. — Ne sont-ce pas toujours des dixièmes de franc, nommez-les comme vous voudrez, 3 dixièmes de franc, ou 3 décimes multipliés par 3 dixièmes de franc, devront toujours faire 9 dixièmes de franc ou 9 décimes.

Cal. — Non.

Frum. — Comment, non? 3 dixièmes de franc placés en 3 groupes de 3 ne feraient pas mes 9 décimes ou 90 centièmes de franc ?

Call. — Ah! si vous les ajoutez, c'est différent. Mais vous parliez de multiplier. Dès-lors que vous multipliez, vous formez un carré, quand même vous ne le voudriez pas. Multiplier et prétendre n'en avoir qu'une ligne plus longue, c'est vouloir que deux lignes qui se croisent, n'en fassent qu'une allongée de l'une des deux.

Frum. — Eh bien ! je quarre mes décimes, en les multipliant les uns par les autres. 3 fois 3 décimes font 9 dixièmes de franc. Il me semble voir un jeu de quilles établi carrément.

Call. — Que puis-je dire à cela? que vos 9 soient en ligne, qu'ils soient en carré, ils n'en sont pas moins 9 dixièmes.

Auz. — Quoi ! Callet, vous donnez encore dans cette inepte condescendance !

Call. — Le moyen de distinguer 3 décimes de 3 dixièmes de franc?

Auz. — Mais on les suppose ici multipliés les uns par les autres, et 3 décimes ne sont alors qu'une fraction de franc. Il n'y a ici aucun entier qui puisse former des 9 unités complètes. Vous faites comme si vous aviez trois mètres multipliés par 3 décimètres, en trouvant 9 décimes dans 0 fr. 3 $\times$ 0 fr. 3.

Bit. *montrant le carré divisé par centièmes.* — Tenez, vous ne remarquez pas que vous supposez 3 mètres en ce sens, sur 3 décimètres en cet autre; 3 francs sur 3 décimes, 3 unités sur 3 dixièmes.

Call. — Et il est question de s'arrêter aux 3 dixièmes en ce côté-ci comme en l'autre. C'est la confusion des termes qui m'en imposait.

Auz. — On ne vous donne pas 3 entiers à multiplier

par 3 dixièmes (3 fois 0,3) ; mais 3 dixièmes de fois, 3 dixièmes de franc, comme de mètre. Quand 3 décimes $\times$ 3 décimes en font 9 , c'est que vous les considérez comme 3 pièces multipliées par 3 pièces. (3 entiers $\times$ 3 entiers).

CALL.—Ou que sans m'en apercevoir, je dis : 3 fois 0,3 , ce qui laisse au rang des dixièmes ; au lieu que les deux 3 étant des dixièmes, ils donnent deux chiffres décimaux... 9 centièmes 0,09.

BIT. — Il est aisé de voir sur le carré divisé en cent centièmes que 3 dixièmes de fois 3 dixièmes, ne font que 9 centièmes.

EST. — 5 centimes $\times$ 5 centimes, font pourtant 25 centimes.

AUZ. — Cela est fallacieusement équivoque. Pouvez-vous dire que 1 sou $\times$ 1 sou, fasse 5 sous ?

EST. — Il est clair que non.

AUZ. — Il doit vous être clair aussi que c'est 5 fois 5 centimes qui en font 25. Mais 5 centièmes de fois 5 centimes, ne font que comme 5 centimètres $\times$ 5 centimètres ; c'est-à-dire cent fois moins que 25 centièmes de l'unité ; puisque l'autre facteur ou l'autre sens du carré est cent fois moindre que 5 entiers, le produit doit donc être cent fois plus petit que 25 centièmes. Or, cent fois moins que 25 centièmes, font 0,0025 dix-millièmes.

IIᵉ PARTIE DE LA Vᵉ CONFÉRENCE.

(Mêmes interlocuteurs).

BIT. — Vous vous étonnez de ce qu'on retranche au produit d'une multiplication autant de chiffres décimaux que les deux facteurs en contiennent ; mais

jetez les yeux sur ce modèle, et votre étonnement ces-
sera. (*Il présente la forme du mètre carré ou figure
1re.*) Le mètre étant partagé en cent parties, les
décimètres le sont en dix. 5 centièmes font donc uniquement ceci. (*Montrant.*) Sur l'autre côté également. Une dimension donnant des centièmes et l'autre
aussi, le croisement de la multiplication opère des
centièmes de centième. Voyez ce que cela fait. Les
dixièmes carrés sont partagés en cent. (*Montrant.*)
Ces dix en ont donc mille, et dix de même font bien
dix mille.

Auz. — Ou 10 mille dix millièmes pour l'unité.
Les centimètres carrés sont des dix millièmes. 5 centièmes ✕ 5 centièmes à quelque espèce d'unité qu'ils
appartiennent se voient donc, même par les yeux se
restreindre à 0,0025 dix millièmes, ou de mètre ou
de franc, de tout ce que l'on voudra.

Estone a Demoivre. — Remarquez-vous une par-
ticularité dans ces objets décimaux, c'est que plus ils
sont nombreux et moins ils valent ; ou tout au plus en
les augmentant de nombre ils n'augmentent pas de
valeur en totalité. C'est comme certains insectes qui
ont beau avoir le dessous du corps hérissé de pattes,
ils n'en font pas plus de chemin pour cela.

Dem. — A ce que vous me dites, je vois que vous
avez fait attention à la manière progressive des nombres décimaux. Plus leur dénomination s'élève et plus
ils baissent. Tout l'opposé des unités rondes qui
croissent par les noms de mille et de dix mille. L'u-
nité, le mètre, par exemple, tient le milieu entre un
côté et l'autre. Mais le gauche en s'allongeant grossit,
le droit en se développant s'amincit.

Bit. — Cette perspective est plus subtile que juste
et le mètre que vous admettez pour exemple en fait
voir l'illusion, en montrant qu'il faut distinguer entre
le nombre de chiffres et leur parcours idéal en valeur.

Les unités toujours entières se fortifient par l'accroissement et n'ont pas de limites ; mais la ligne des décimales que vous vous figurez à droite comme sur le papier a des limites qui les maintiennent entre les extrémités de l'unité centrale. (*Montrant sur le mètre linéaire.*) Voyez ; elles ne sont que subdivisionnaires. Les chiffres qui les expriment n'augmentent qu'en nombre pour marquer des divisions plus nombreuses. L'écriture qui ne peut qu'allonger une ligne de chiffres décimaux donne par la vue habituelle une idée incorrecte des décimales ; mais l'inspection du mètre divisé et subdivisé, la rectifie.

Est. — Après l'unité à droite, 50 ne font pas plus que 5 ; cela est singulier cependant.

Bit. — (*Sur le mètre linéaire.*) Voyez que 50 centièmes ne font pas plus que 5 dixièmes.

Frum. — Je voudrais élever 5 dixièmes en grandeur ; j'apprends qu'au troisième degré à droite, les dixièmes font cent. Je mets deux zéros à la suite de mes 5 dixièmes et ils deviennent 500. Est-ce vrai ?

Call. — Qui vous dira que non ? Vos 5 dixièmes sont devenus 500 : mais quoi ? des millièmes, en êtes-vous plus avancé ? un individu de ce peuple fourmilier est cent fois plus petit qu'un dixième ; 500 millièmes, 5 dixièmes ; je ne donnerais pas un grain de sable pour le choix. Et pour ma commodité je préférerais les 5 aux 500 ; comme j'aimerais mieux 5 francs que 500 centimes.

Est. — Si l'on multiplie ces diminutifs on y perd plus qu'on y gagne ; croirai-je améliorer 50 centièmes en les multipliant par 50 centièmes ; ils feront bien un nombre de 2,500, mais de quelle fourmilière ?

Bit. *Indique sur le carré métrique 50 centièmes* $\times$ 0,50.

Frum. — Je m'aperçois que multiplier le décimales par les décimales, c'est les diminuer de valeur et que cette diminution peut en venir bien vite à une étrange énormité. Deux chiffres décimaux dans chaque facteur m'en annoncent pour le produit quatre qui seront des dix millièmes; que je vienne à multiplier ce produit par lui-même, j'aurai huit misérables séquestrés dont il me faudrait cent millions pour avoir une unité pleine.

DEM. — Mieux vaudrait les diviser que de les multiplier, au moins un nombre décimal divisé par lui-même donnerait toujours un entier. 0,2 divisé par 0,2. $\frac{0,2}{0,2} = 1$.... $\frac{0,02}{0,02} = 1$.... $\frac{0,50}{0,50} = 1$.

BIT. *Faisant voir ces divisions sur le mètre linéaire.* Voyez... $\frac{0,2}{0,2}$ 2 dixièmes divisé par 2 dixièmes. *Appliquant une mesure de 2 dixièmes sur 2 dixièmes du mètre.* En 0,2 combien de fois 0,2? Voyez encore le mètre partagé entre 10. 0,1 est la part de 1... 1,0 dixièmes divisé par 0,2. C'est 0,2 dixièmes qui fait les parts.... 1.. 2.. 3 etc., 0,5 dixièmes est la part de chacun des 2 dixièmes.

FRUM. — On croirait qu'il y a une certaine sympathie entre la division et les décimales et pour celles-ci une contrariété du côté de la multiplication.

CALL. — Cela pourrait être. Les décimales sont des divisions qui sont le contraire de la multiplication. Il ne serait pas étonnant que la multiplication contrariée opérât à rebours, mais ses services n'en sont pas moins utiles.

FRUM. — La multiplication serait donc dans les décimales comme un cheval qui recule mieux qu'il n'avance dans un carrefour, et qu'on emploie quand il s'agit d'y reculer.

DEM. — J'ai laissé dire je ne sais où, que la multiplication est une addition et la division une soustraction.

AUZ. — Oui, addition, soustraction, si l'on veut; mais singulière soustraction, singulière addition. La multiplication forme un carré et souvent n'opère que des diminutions. L'autre partie de votre laisser dire n'est pas plus juste. $\frac{0,3}{0,3}$ c'est-à-dire 0,3 divisé par 0,3 donne 1, et 0,3 soustrait de 0,3 $= 0$, égale zéro. Une autre fois que l'on vous dira de pareilles ambiguités et que vous saurez où, je vous engage à ne plus laisser dire.

Bit. — On s'en laisse donc encore véritablement imposer quand on pense qu'une demie $\times$ 1/2 va la doubler. Qu'on la divise par une autre demie, on aura 1, vu que l'une est contenue dans l'autre une fois. (*Appliquant un demi mètre sur la moitié du mètre.*) En une demie combien de fois une demie. Mais comme il ne s'agit pas de diviser, qu'il s'agit de multiplier, il faut dire : une demie fois une demie $=$ une fois moins qu'une fois une demie, $=$ donc un quart. Ce n'est ici, comme vous voyez, que la répétition de 0,5 $\times$ 0,5.

Call. — On a cru honorer 0,5 en les multipliant par eux-mêmes ; mais en agissant ainsi, on les a changés de nature, on les a, de linéaires qu'ils étaient, rendus quarrés par la multiplication et alliés au mètre carré qui contient 100 des parties que les 0,5 dixièmes sont devenus. Ils étaient moitié du mètre linéaire et ils ont beau être montés au nonbre de 25, ils ne sont toujours que le quart du mètre carré.

Bit. — Ces espèces d'observations sentent un peu le verbiage. (*Montrant la figure graduée du mètre carré.*) L'inspection des cent parties de cette surface découvre la réalité plus nettement que vos paroles.

Est. — J'ai envie de multiplier ces 0,25 par les 0,5 dixièmes dont ils sont formés.

Call. — Faites-le. Mais quelle figure formerez-vous ?

Est. — Quelle figure ?

Call. — Oui.

5

Est. — Je ne m'en embarrasse pas.

Call. — Vous allez trouver 125, que seront-ils ? où les rangerez-vous ?

Est. — Ils s'étendront comme ils voudront autour du quarré.

Call. — Cela n'est aucunement possible.

Bit. — (*Montrant la surface du carré gradué figure 1re*). Faites attention ; 0,25 centimes sont formés de ce côté-ci multiplié par celui-ci. Voici leurs places et le quarré qu'ils forment. Voyez vous que vos 125 ne peuvent être placés à l'entour ?

Call. — Souvenez vous donc que quand vous multipliez un nombre par un nombre, vous établissez un quarré, lors même que vous ne le voudriez pas. C'est ainsi que 0,5 × lui-même a formé ce quarré ; mais si vous multipliez le nombre de ces quarrés subdivisionnaires par le même nombre 0,5 , vous établissez nécessairement une autre figure et ce sera un cube ; quand même encore vous ne le verriez pas , que vous ne le voudriez pas. En ce cas vous vous mettez en rapport avec l'unité cubique dont vos 125 font partie, et qui ne demande pas moins que mille de ces 125.

Dem. — Ce n'est que la surface quarrée 0,25 élevée à une autre forme en épaisseur. Je crois que l'on pourrait appeler cette seconde opération le quarré du quarré.

Bit. — (*Prenant la forme du décistère figure 2e.*) Ne considérez d'abord que cette superficie du quart du mètre quarré. Les 0,25 centièmes × 0,5 dixièmes ne sont autre chose que cette surface (*montrant le quart 0,25*) élevée toute entière à la hauteur de 0,5, remplissant en entier cet espace, et formant 5 couches comme celle-ci, (*la montrant*). Observez que votre nouveau cube ne monte qu'à la demi hauteur du stère ; et voyez quelle partie font vos 125 de la moitié totale.

Est. — Je ne vois pas bien.

Auz. — Il est bon de vous prévenir, à ce qu'il paraît, que le cube stérique, coupé en quatre parties égales, ne forme pas quatre parfaits cubes. Ces quatre parties ont 5 à 5 sur 10. Mais sa moitié étant coupée de la même sorte donne quatre cubes réguliers, et vos 125 en sont un.

Est. — Maintenant je vois fort bien que j'ai le quart de la moité du stère.

Auz. — De combien donc est cette moitié ? Dites d'abord combien a le quart du stère.

Est. 125 et 125 font 250.

Auz. — La moitié du stère est donc le double de 250.

Est. — Le double de 250 est 500

Auz. — 500 étant la moitié, combien le tout ?

Est. — Mille.

Bit. Le mètre cube a donc mille parties comme celle-ci , (*Montrant un carré de la forme du décistère, lequel carré est supposé d'un décimètre ,*) c'est-à-dire mille décimètres cubes.

Frum. — Que je voie un peu si de là je descendrai bien au point d'où on est parti. La moitié de mille est 500. La moitié de 500 est 250. Voilà le quart du stère. La moitié de 250 est 125 ; ces 125 qui sont des décimètres cubes sont effectivement bien le demi quart du stère entier.

Call. — Et voilà comment un quart multiplié par une demie ou $0,25 \times 0,5 = 0,125$ ou un demi-quart.

Dem. — Que je multiplie 1/4 par 1/2 je dois retrouver le même résultat.

Bit. — Un quart multiplié par une demie, (*la forme du mètre carré en main*) voyez, ce n'est pas une fois le quart, c'est une demi fois le quart, un demi quart par conséquent.

Dem. — Ce n'est pas cela que je voudrais faire, permettez: $\frac{1}{4} \times \frac{1}{2} = \frac{1}{8}$. Combien fait un huitième en décimales ? J'effectue la division de 1 par 8.

Hé ! voilà de retour les 125 millièmes.

Frum. — Tiens, cela me paraît curieux. Je voudrais bien savoir manigancer cette petite opération là.

Auz. — Une manigance ne saurait être légale. Contentez-vous des chiffres décimaux qui doivent remplacer les fractions anciennes.

Dem. — Ne devrait-on pas bien donner un nom particulier à ce petit solide, ce petit cube, ce quart du demi stère ?

Call. — J'ai reconnu que l'on ne donne ainsi une dénomination particulière qu'à ce qui est décuple ou sous décuple, et il n'est ni l'un ni l'autre, votre petit solide, votre petit cube, votre petit quart de demi stère, de quelle utilité singulière pourrait-il être ?

Dem. — N'admettez-vous pas ainsi que moi une nuance entre cube et solide, stère et mètre cube ? L'objet en question ne figure déjà pas mal dans le stère et il figurerait également dans les autres mesures de solides. Mais je le considère en outre comme un cube à part, qui servirait dans les mesures de capacité et celles des poids. Si vous avez reconnu que l'on ne donne une dénomination particulière qu'aux seuls décuples et sous décuples, j'ai reconnu aussi que l'on considère assez ce qui les partage en deux, comme ce qui les double, vous ne l'ignorez pas non plus. Veuillez bien vous y arrêter et prendre intérêt à ma proposition.

Call. — Je ne vois pas encore clairement votre dessein.

Est. — J'épouse assez le sentiment de Demoivre ; cette nuance entre les solides et les cubes, le mètre cube et le stère m'apparaît aussi. Je ne puis m'empêcher d'admettre une distinction entre un bloc de pierre et un tas de bois, quoique tous deux de mêmes dimensions.

Frum. — Ne nous fait-on pas entendre cette distinction, quand on affecte l'usage du terme de stère dans les mesures des bois de chauffage, tandis que pour toute autre matière on emploie le mètre cube?

Dem. — Ces différents degrés de solidité doivent déjà faire entrevoir où je veux en venir. Quoique le stère soit un mètre cube, tout mètre cube n'est pas toujours un stère. On le voit, on en convient, on le veut. Mais je prétends en outre qu'un mètre cube n'est pas toujours un solide.

Call. — Qu'est-ce qui vous dit le contraire?

Dem. — Et pourquoi nous fait-on entendre que solide et cube soient deux mots synonymes ?

Call. — On vous parle ainsi pour vous apprendre que ce qui n'est pas solide pouvant être cube, se mesure de même que les solides. Ne sait-on pas bien que le vide d'un mètre se mesure comme une pierre d'un mètre ?

Dem. — Vous convenez donc qu'un cube n'est pas toujours un solide.

Call. — Mais qu'a de commun cet acquiescement avec votre exposition primitive d'un quart de demi stère, comme un cube à considérer particulièrement?

Dem. — Je veux dire que je le considère, en outre de ce que j'ai déjà dit, comme le vide d'un cube adaptable aux mesures de contenance qui sont des vides, et que celles des pesanteurs en étant déduites il servirait encore pour les poids.

Bit. — Que nous coûterait-il d'essayer l'emploi de

cet avis nouveau? un sot ouvre quelque fois un avis important, à plus forte raison un homme sensé.

Auz. — De quelle utilité pourrait-être une capacité de 125 décimètres cubes, et son poids d'eau?

Frum. — Je sens en moi qui ne me pique pas de sagacité que j'en dirais bien quelque chose. Un décimètre cube d'eau convenable est avec un litre d'eau, le poids d'un kilogramme. 125 décimètres cubes ainsi lestés seraient donc 125 litres et 125 kilogrammes.

Dem. — Vous ne rendez qu'imparfaitement mon idée. Qu'on voie comme ce cube figurerait en relation avec les degrés supérieurs.

Auz. — Il serait dans le kilolitre et les mille kilogrammes, ou dans le mètre cube vide comme rempli d'eau, ce que nous le voyons dans le stère et tout mètre cube.

Dem. — Il formerait le quart du demi kilolitre et le quart d'un poids de 500 kilogrammes.

Bit. — Il donnerait 125 millièmes du kilolitre ou du mètre cube vide ou plein, d'une matière quelconque, et 125 kilogrammes dans un kilolitre empli d'eau conditionnée pour ce poids.

Est. — Voilà des choses intéressantes que vous énoncez là.

Bit. — (*Prenant la forme du décistère et en désignant un carré ou fig. 2e*). Ce décimètre cube représente le litre et le kilogramme. Ces 10 décimètres cubes peuvent donc représenter le décalitre et le myriagramme. Le décistère entier, l'hectolitre, et de même cent kilogrammes. Enfin, les dix décistères ou le mètre cube avec le kilolitre et mille kilogrammes.

Auz. a Estone. — Combien pèserait un hectolitre d'eau froide?

Est. — Cent kilogrammes; je voudrais pouvoir dire un hectokilogramme.

Auz. — Et un décalitre d'eau également?

Est. — Je suis tenté de dire un déca-kilo, c'est-à-dire un myriagramme, dix kilogrammes.

Frum. — N'y a-t-il plus rien pour moi?

Auz. — Votre part, à vous, est de dire ce que pèse un kilolitre, ou le mètre cube d'eau, très-froide, bien entendu.

Frum. — Pour aider ma réponse, permettez-moi de reprendre au litre et au kilogramme.

Bit. — La vue du décistère vous guidera favorablement... Voyez, dans ce décimètre, ce par quoi vous commencez.

Frum.—(*Mettant le doigt sur le décimètre cube, ou fig. 2*). Un litre d'eau qui pèse un kilogramme. (*Longeant le centistère*). Décalitre, myriagramme... (*S'étendant sur le décistère entier*). Hectolitre, dix myriagrammes, cent kilogrammes.

Bit. — Enfin, le mètre cube?

Frum. — Mille décimètres cubes... mille litres. Le mètre cube d'eau pure, ou le kilolitre empli de même, pèse mille kilogrammes.

Auz. — Combien de grammes?

Frum.—Mille fois mille. $1000 \times 1000 = 1000000$. Un mètre cube d'eau pèserait un million de grammes.

Call. a Demoivre. — Voilà votre quart de demi-stère oublié.

Dem. — Je ne vois pas cela. Voudrait-on bien me dire s'il ne conviendrait pas d'avoir une mesure d'un demi-quart de kilolitre, et un poids d'un demi-quart de ce que je voudrais nommer un kilo-kilogramme; mille kilogrammes?

Call. — Apparemment, cela ne conviendrait pas, puisque cela n'est pas.

Auz. — Cette mesure et un poids de 125 kilogrammes ne seraient pas maniables.

Dem. — Je le conçois maintenant. Mais je ne regrette pas de vous avoir fait ma proposition, puisqu'elle vous a donné lieu de nous faire voir un si parfait accord entre les multiples des pesanteurs et les multiples des contenances.

SIXIÈME CONFÉRENCE.

PREMIÈRE PARTIE.

INTERLOCUTRICES :

AGNODICE, BELMA, CLARENCE, DERBÈNE, ELSINDE, FULVIE.

CLARENCE. — Mètre, are, stère, litre, gramme.

ELSINDE. — Que faites-vous avec ces cinq mots-là, que vous venez nous donner de but en blanc ?

CLAR. — Je nomme les unités des cinq classes de mesure : linéaires, surfaces, cubes, contenances, poids.

ELS. — Et c'est là tout ?

CLAR. — N'est-ce pas assez, que voulez-vous de plus ?

DERBÈNE. — Je ne vous accorde pas que l'on désigne uniquement par vos cinq premières dénominations, toutes les espèces de mesures. Dit-on : il y a tant de mètres de Paris à Lyon. Dit-on : cinq cents litres de vin, de blé, mille grammes de pain ?

CLAR. — Si l'on ne se contente pas des cinq unités suffisantes, je n'en suis pas cause.

ELS. — On ne s'en contente pas, vu qu'elles ne sont pas suffisantes.

BELMA. — Il faut dire aussi qu'entre les auteurs qui ont traité du système métrique, les uns donnent le mètre carré pour l'unité des surfaces, le mètre cube pour l'unité des solives, le kilogramme pour l'unité des pesanteurs. Chez d'autres, c'est le gramme, le décistère, l'hectare. Il en est même qui vont jusqu'au kilomètre carré. Et généralement, on veut que le stère ne soit que pour le bois de chauffage.

Fulvie. — Et vous, pauvres écolières, accommodez tout cela comme vous pouvez.

Agnodice. — Il y a un moyen de concilier ces différences de rapports, qui sont plus apparentes qu'elles ne sont réelles. Je ne veux pas dire que tous ces auteurs soient parfaitement d'accord sur ce point; mais ils ne diffèrent pas beaucoup entre eux. Devaient-ils tout dire? n'était-il pas bon de laisser un peu d'exercice à notre imagination? Nous pouvons distinguer les unités premières et les unités secondaires. Celles qui viennent d'être énoncées, seraient les unités primordiales et toutes les autres que la commodité a mises en usage, seraient des unités secondaires et de circonstances.

Fulv. — Tout cela n'est-il pas fait pour nous embrouiller? J'y verrais plus clair, si l'on s'en tenait aux unités primitives : mètre, are, stère, litre, gramme.

Agn. — Il serait embarrassant d'évaluer les grands espaces et les fortes pesanteurs en mêmes unités que les espèces rétrécies et les pesées légères.

Fulv. — Pour moi, je n'y trouverais rien de si embarrassant, et s'il y a quelque chose qui m'embarrasse en cela, ce sont les distinctions que vous voulez nous faire. Je ne veux que mètre, are, stère, litre, gramme, encore un coup.

Derb. — Quand je vous entends, avec votre monotonie, vous me sciez le dos. Pour exprimer deux lieues environ, direz-vous: dix mille mètres; pour cent lieues, cinq cent mille mètres et un million de mètres pour le double approchant. N'est-il pas bien plus simple de dire : un... cinquante... cent myriamètres.

Els. — Qu'il ferait beau de vous entendre dire : ce

plancher a un are ; cette table a un centiare de surface ; cette muraille a tant de stères.

Fulv. — Quel mal y aurait-il à m'exprimer de cette
façon ? et on ne laisserait pas que de me comprendre.

Belm. — Le bon usage veut que l'on s'exprime ici
par mètres carrés, cent mètres carrés : de même qu'on
ne dit pas d'un champ : dix mille mètres ni cent ares ;
mais un hectare.

Fulv. — Mètre, are, stère, litre, gramme. N'est-
il pas vrai, Clarence.

Clar. — Quoique j'aie rappelé cette nomenclature
comme désignant les centres des différentes espèces
de mesures, je ne prétends pas cependant que ces
centres soient des unités absolues et qui excluent
toute autre unité. Je vois très-bien qu'il est utile d'avoir
des unités secondaires ; mais regardez les miennes
comme les unités principales, dont les autres sont
composées et tirent leur énergie.

Fulv. — Vous avez changé de principes. Ce n'est
pas là être constante.

Clar. — Ce n'est pas non plus inconstance que de
passer du bien au mieux.

Fulv. — Passez-vous effectivement du bien au
mieux ? Je croirais plutôt que vous feriez le contraire.
N'est-il pas plus naturel de nommer autant de mètres,
autant d'unités qu'il y en a, que de changer de dénominations à certains nombres.

Clar. — Je crains que l'indolence et non le naturel
ne soit le vrai motif de votre constance, qui en ce cas
ne serait qu'opiniâtreté.

Agn. — Avouez franchement, Fulvie, que vous
n'aimez pas les unités secondaires ; uniquement parce
qu'elles vous demandent un exercice qui vous pèse.
Vous ne voudriez pas qu'il fût question ni de myria,
ni de kilo, ni d'hecto, ni même de décamètre. Que
l'on vous parle de soixante myriamètres, par exemple,

vous voilà dans l'anxiété, par l'appréhension d'être obligée de chercher combien ce nombre comprend de mètres, combien de kilomètres, etc. Et d'un autre côté, comme les myriamètres sont fort en usage, on veut que vous disiez combien six cent mille mètres, je suppose, renferment d'unités de mesures itinéraires, soit en myriamètres, soit par une conséquence, en kilomètres.

Els. — Il y a autre chose encore peut-être, c'est que l'on s'exprimera par demi-quart de myriamètres, par dixièmes, par centièmes de myriamètres. Et nous d'être obligées de dire combien d'unités premières. Au lieu que l'uniformité dans la dénomination des nombres excluerait toute question. Ce serait un aussi grand nombre de mètres que l'on voudrait; fut-ce vingt mille, cent mille, plusieurs millions.

Belm. — Quelqu'un, pour exprimer quinze mille mètres, dira : un myriamètre et demi ; un demi myria-mètre pour cinq mille mètres. Mais des kilomètres et des dixièmes de cette unité opportune vous seront encore à charge.

Els. — Pourquoi aussi nous donner des fractions pour signifier tant d'entiers? Quand on a des cent et des mille mètres, à quoi bon nous parler de dixièmes et de centièmes.

Belm. — C'est que l'on prend le myria pour unité, et que cent mètres, mille mètres, en font un centième, un dixième.

Els. — Et dites-moi tout bonnement : cent mètres, mille mètres; cela sera plus clair.

Clar. — Non pas. L'on fera du kilomètre une unité pour exprimer les quarts de lieue ancienne. Un quart, 5 quarts de lieue. Un kilomètre, trois kilomètres.

Fulv. — Et si le quart n'y est pas tout entier, voilà des fractions de kilomètre.

Clar. — Que coûterait-il de prononcer : huit, neuf hectomètres.

Agn. — Ce que nous disons des mesures linéaires s'applique à la plupart des autres. Les capacités et les poids fournissent le plus de ces unités intercalaires.

Fulv. — Mais savez-vous qu'avec tous vos échafaudages, la tête me tourne, et que je crains qu'il ne me prenne des étourdissements ?

Delb. — N'est-ce pas plutôt avec votre façon uniforme, avec votre longue échelle sans interruption, que les étourdissements sont à craindre. Le bon usage que l'on vous fait connaître est un moyen de les prévenir. Vous qui êtes si portée pour le naturel, dites-moi donc, n'est-il pas plus naturel de faire des échafauds, selon votre expression, que de s'élever bien haut, ou descendre bien bas sur une seule ligne droite et sans retraite ?

Belm. — Je ne vois pas que l'on puisse considérer les unités secondaires, comme des espèces de paliers, ou plates-formes, des étages de sûreté, sur lesquels s'appuieraient de courtes échelles de neuf degrés au plus, s'élancer d'une seule venue jusqu'à des dix mille, des cent mille mètres doit être bien incommode. Ne vaut-il pas mieux en montant du *déca* s'arrêter à l'*hecto*, puis au kilo, puis au myria ; et en parler comme de lieux de repos où l'on respire à l'aise ? Êtes-vous à cent mille mètres d'élévation ? S'il n'y a pas d'intermédiaire entre la terre et vous, n'êtes-vous pas dans la gêne ? mais avec le commode myriamètre, il vous semble que vous n'êtes élevée qu'à dix degrés.

Derb. — Observez-donc encore, Fulvie, que vous êtes peu conséquente avec vous-même, d'admettre pour une unité première des surfaces, l'are, qui est cent mètres. En n'adoptant que cette seule unité pour les surfaces, je ne sais comment vous vous en tirerez pour les étroites mesures. Que sera, dans ce cas, le décimètre carré? Voilà des... des... quelles espèces de parties de l'are?

Belm. — Forcée, dans le kilomètre carré, de vous tenir à la hauteur de dix mille ares, vous vous verrez, dans le décimètre, dix mille degrés plus bas que l'are. N'est-il pas plus naturel de prendre et le kilomètre carré et l'hectare, et le mètre carré pour unités secondaires dans les mesures de superficie, que de rester ancré dans le seul are?

Agn — Dans les mesures cubiques, si vous n'adoptez que le stère, des blocs de marbre devront donc être évalués par stères comme un cube de copeaux légers; tous les bois d'écarrissage seront estimés par stères.

Els. — Comment donc autrement? Voulez-vous que ce soit par mètres cubes?

Agn. — Cette unité est trop forte pour la plupart des bois travaillés.

Fulv. — Ce sera donc le stère.

Agn. — Même inconvénient qu'au mètre cube. Ils sont d'égale étendue, et d'ailleurs vous savez que le stère entier n'est que pour les bois de chauffage.

Els. — Si la dénomination de mètre cube, ni celle de stère n'est admise pour l'unité de mesures des bois de charpente, qu'est ce qu'on prendra donc?

Agn. — Le décistère. On dira : cinq... six... onze... douze décistères.

Fulv. — Ceci va nous faire encore du mic-mac. Prendre une fraction pour unité !

Els. — C'est vrai. Je pressens encore là-dedans de nouvelles difficultés, n'oser dire : cette poutre contient un demi-stère, ou un stère et deux dixièmes, comme il se pratique à l'égard de tous les entiers dans nos calculs ordinaires !

Belm. — Il faut vous faire à tout ce qui est de convenance. Après une opération faite pour estimer la valeur de cette espèce de bois, si vous trouvez un produit de 1550 décimètres cubes, voyez comment vous devez l'énoncer.

Els. — Je prononcerai un stère 55 centistères.

Belm. — Vous devez prononcer : 15 décistères 5 dixièmes.

Fulv. — Il ne sera guère aisé de nous faire à cette nouvelle façon de compter. Heureusement, les solives et les poutres nous concernent peu.

Agn. — Mais le besoin de cette manière de compter peut se rencontrer plus fréquemment dans des circonstances qui vous intéressent davantage, vous ferez bien de vous y exercer. Vous en avez vu l'usage dans les mesures de solidité, elle est applicable dans celles dés surfaces, et vous la verrez dans celles des circonstances et des poids.

Derb. — Pour les grandes capacités, vous n'entendez parler que d'hectolitres ; des litres et des subdivisions du litre dans les moindres ; et dans les moyennes, des décalitres. Remarquez dans l'usage de la vie, que les matières sèches et les liquides abondants se comptent pour la quantité par hectolitres ; les matières sèches moins communes, par décalitres, et celles au-dessous, par l'unité principale et le décilitre.

Clar. — Vous aurez acheté ou vendu un demi hectolitre de grain ou de vin, quinze francs ; 4 hectolitres, 150 fr. ; combien le litre dans chacun de ces deux cas ? On pourrait vous en demander autant d'un quart d'hectolitre : Ou bien : un décalitre et demi vaut 15 francs ; qu'aurez-vous avec 18 fr. ?

Belm. — Vous qui ne voulez pas sortir de vos cinq unités premières, comment allez-vous faire dans les pesanteurs ?

Derb. — Encore si le gramme répondait à l'ancienne

livre, notre compagne serait moins embarrassée. Mais ayant si fort dans la tête la seule dénomination du gramme, elle pourrait bien demander à un mercier un gramme de riz ou de savon. Elle ne serait pas l'unique à qui le tour fut arrivé.

Fulv. — Changement de propos, s'il vous plait, voilà bien assez longtemps que vous me tarabustez avec vos unités subsidiaires. Je veux deux onces de poivre.

Agn. — Cette vieille façon de parler n'est plus légitime. Tâchez de vous conformer aux termes prescrits, et demandez votre poivre par hecto, ou par décagrammes.

Fulv. — Je ne sais ce que font vos hecto, ni vos déca, mais je sais fort bien qu'il me font un demi-quarteron de poivre.

Agn. — Tant que vous ne vous exprimerez pas dans les termes voulus, on ne fera pas semblant de vous entendre.

Fulv. — Je me doute bien, que ce n'est pas mille grammes qu'il me faut, je ne pouvais donc demander un kilogramme.

Els. — Ne peut-on pas savoir à quel degré de l'échelle des grammes répond le poids demandé ?

Agn. — Sachez que le kilogramme fait deux livres anciennes et c'est assez. Divisez 1000 par 52 et vous trouverez l'expression d'ordonnance.

Clar. — Ecoutez Elsinde : sans prendre la plume je vais vous aider. La moitié de 1000 doit faire la livre ancienne.

Els. — C'est donc 500.

Clar. — 8 onces ou la demi-livre frea.....

Els. — 250.

Clar. — 4 onces?

Els. — Ou le quarteron. La moitié de 250 qui est 125.

Clar. — Le rapport des deux onces aux grammes à demander ne doit plus tenir à rien.

Els. — La moitié de 125 est 62 et demi.

Clar. — C'est le nombre de grammes que vous cherchez.

Els. — Fulvie, voilà votre lot mis au net.

Fulv. — C'est d'aventure qu'on ne nous fait pas dire parties d'hectogramme.

Clar. — Si on l'exigeait, vous prononceriez: 62 centièmes et demi d'hectogramme.

Fulv. — Je suis en peine de savoir comment on me les pèsera.

Belm. — On vous livrera six décagrammes.

Fulv. — Cela fait-il mon compte?

Bel. — Ne demandez que 6 décagrammes et vous serez complètement servie. 50 même serait un compte plus rond, étant le demi hectogramme.

Fulv. — J'en voudrais davantage.

Belm. — Que ne demandez-vous l'hectogramme entier?

Fulv. — N'est-il pas étrange que l'on ne puisse obtenir le poids qu'on souhaite?

Bel. — Pourquoi, aussi, avec 6 décagrammes, vouloir 2 grammes 5 décagrammes: ce surcroît n'est-il pas bizarre?

Fulv. — C'est pour faire mes deux onces.

Belm. — Laissez-là vos deux onces, et n'en parlez plus.

Fulv. — On n'en veut pas toujours autant.

Bel. — Une autre fois, si vous voulez moins, demandez 5 décagrammes ou n'en demandez que 2. Vous pouvez dire: trente ou vingt grammes.

Fulv. — Combien dois-je pour mes six décagrammes ou mes 60 grammes.

Belm. — 25 centimes.

Els. — Je n'ai qu'une pièce de dix centimes et je ne veux de ce même poivre que pour mon argent.

Bel. — Vous en aurez le double et le demi décagramme; mais comme c'est un peu plus que votre argent ne vaut, ne vous étonnez pas si l'on venait à vous peser légèrement.

Els. — Si mon argent ne vaut que vingt-quatre grammes, je n'en demande pas vingt-cinq.

Derb. — Croyez-vous que l'on ait autant de numéros de poids que d'unités, depuis un gramme jusqu'au kilo? pas moins de mille?

Els. — Je crois qu'il serait à propos que tout le monde connut tous les poids disponibles, afin de voir comment on nous livre. Sans cela nous risquerions de n'avoir que 20 grammes au lieu de 25 : comme 60 au lieu de 62 et demi.

Agn. — Vous pensez très bien, et cette connaissance des poids n'a rien de difficile.

Derb. — Je sens bien que l'on aura commencé par établir le kilo, l'hecto, le déca et le gramme.

Els. — Je le sens bien aussi ; mais on ne peut se passer de poids intermédiaires.

Agn. — Il y a ceux du double et de la moitié de ces dixaines, et des sous-multiples ; ce qui fait trois à chaque division, et douze pour la série inférieure du kilo, au-delà duquel est encore myriagramme de même avec son double et son demi. Les divisions du gramme, deci ; centi, milli sont peu usitées.

Clau. — Il me prend envie de faire le recensement détaillé de ces poids. Le gramme avec son double ; le décagramme, le double déca, le demi déca ; l'hecto, le demi hecto, le double hecto ; le demi kilo, le kilo, le double kilogramme ; le demi myriagramme, le myria, le double myriagramme.

Derb. — Aux poids du kilo, ajoutez ceux du myria, ne pourrez-vous pas en ajouter encore?

Fulv. — Ajoutez tant que vous voudrez, cela ne laisse toujours qu'une douzaine de numéros pour mille grammes : voilà bien des lacunes dans la collection. Je ne suis pas étonnée que l'on me recommande tant les nombres ronds par dixaines et que l'on m'ait envoyée promener avec ma réclamation de deux grammes et demi.

BELM. — Ce n'est pas que l'on n'ait pu vous livrer au moins les deux grammes, puisque l'on a le gramme double; mais vous en méritez la négligence comme une faible amende pour votre obstination à tenir aux poids surannés et interdits. Que tout le monde y renonce et personne n'aura plus à se plaindre d'aucune retenue.

SUITE A LA VIᵉ CONFÉRENCE.

(Mêmes interlocutrices).

ELSINDE. — L'innocence ne devrait pas être confondue avec la répréhensibilité.

FULVIE. — Pour éviter ce désagrément, on croirait qu'il serait bon de faire sa demande comme vous pour l'argent que l'on montre.

DERBENE. — En ne commettant pas de solécisme dans la moderne langue mercantile, on ne doit pas subir d'amende.

ELS. — Je suis payée pour ne plus me fier au jugement des marchands.

BELMA. — Les marchands ne jugent pas, ils semblent seulement avoir en vue leur commodité de livraisons. Ce sont les demandes en anciennes pesées qui les contrarient.

ELS. — Quand bien même tout le monde oublierait entièrement les poids anciens, ne répondons pas de ne subir aucun déficit. Je puis en parler d'après l'expérience. Pour être sûre de ne pas commettre de solécisme dans le langage mercantile je présente mon argent et je dis ; veuillez me livrer d'une telle marchandise pour cela. Il arriva entre autres occurrences que l'on vendait sous mes yeux du café à 4 francs le kilogramme. Une personne pour 10 centimes en reçoit bien loyalement 25 grammes sans ombre de difficulté ; c'était parfaitement son compte. J'en demande non pas une once ni deux, mais pour 25 centimes que je mets sur le comptoir. Je sais bien maintenant que j'en devais avoir pour ma petite somme 62 grammes et demi, mais je me rappelle très-bien aussi qu'on n'a mis sur le bassin que le demi hectogramme et le décagramme, et qu'il n'y avait ni quatrième ni troisième petit poids.

Agno. — Cet exemple vient très-bien à l'appui de la recommandation qui vous a déjà été faite de régler vos demandes sur la facilité de vous satisfaire. La connaissance des numéros de poids vous instruit nettement pour cette fin. Lorsque vous demanderez 5 ou 6 décagrammes vous jugez par expérience qu'on ne vous livrera pas 2 ou trois grammes de moins. La facilité de vous servir est donc ce qui doit régler vos demandes. Mais les décider sur la totalité de l'argent que l'on se trouve par hasard entre les mains, c'est, comme vous le voyez, le moyen de n'être contenté qu'approximativement. Et puis où en serait un fournisseur, s'il était obligé d'avoir constamment la plume à la main pour satisfaire à tous vos menus détails ?

Fulv. — A ce compte-là, s'il faut n'aller que par dixaines pour les poids, on pourrait passer avec bien moins de numéros que vous n'en avez.

Clar. — Convenons pourtant que les besoins de peser ne laissent pas toujours les quantités à notre choix. Tant que l'on ne voudra que les poids du comptoir, sans doute ils suffiront aux volontés. Mais voilà des objets tout faits dont je veux savoir et la pesanteur et la valeur. C'est une boucle d'un métal précieux, c'est un anneau, c'est une pièce de monnaie.

Els. — La bonne idée, la bonne observation. En ce cas les quantités qui peuvent se rencontrer sont innombrables, et sans qu'il soit permis de se plaindre d'un caprice, d'une bisarrerie de personne. Les objets sont tels, pesez-les. Je suis en peine pour vous avec vos simples, vos doubles et vos demis. Du double gramme au demi déca, vous n'avez rien. De ce demi au déca, voilà quatre numéros en blanc.. Deux déca manquent du double au demi hecto, et quatre encore de celui-ci à l'hecto ; et à recommencer ainsi du double de ce dernier.

Belm. — Vous voilà déjà plus loin qu'il ne faut pour peser vos boucles d'oreilles.

Fulv. — Et ne peut-on pas avoir un demi kilo de riz à vérifier, un morceau de viande, un petit pain et davantage. L'un ne pèsera pas ce demi kilo et pèsera plus que le double hecto, et les autres ne pèseront nettement aucun de vos poids au-dessus.

Agno. — Cela est-il bien certain ? n'avons-nous pas de quoi faire 5 hecto et demi avec l'hecto et son demi et son double qui sont à notre disposition ? ne peut-on pas d'ailleurs suppléer au reste par les poids inférieurs ?

Belm. — Les absences de représentatifs ne sont donc pas aussi nombreuses que vous l'imaginez, Elsinde, descendez au gramme pour vos plus menus objets, et voyez si du double au demi déca nous n'avons rien, comme vous dites. N'avons-nous pas le simple avec le double qui sont 3 ?

Els. — Et le quatrième aussi, où est-il ?

Belm. — Si vous voulez faire l'orfèvre, allez chercher les demi-grammes, les déci, les centigrammes, on vous les vendra.

Els. — C'est une pièce de 5 francs que je veux peser, une de 2, une de 1 franc, de 50 centimes, de 25.

Agno. — Votre pièce de 5 francs étant neuve et posée sur un bassin de la balance, mettez sur l'autre le double et le demi déca, vous verrez un parfait équilibre.

Fulv. — Ainsi je vois que la pièce de 5 francs pèse 25 grammes.

Agno. — Les autres étant neuves aussi vous présenteront un poids proportionnel.

Derb. — Cette seule pesée peut dispenser des autres. 1 franc est le cinquième de 25 ou 5 grammes ; Le demi franc pèse 2 grammes et demi ; la petite pièce de 25 centimes 1 gramme 25 centigrammes.

Els. — Jusqu'ici le nombre de vos poids n'est pas en défaut, les pièces étant neuves. Condition que l'on a eu soin de mettre en avant, et que j'ai remarquée. On s'attend probablement au cas fortuit qui s'offre tout naturellement, et que je veux énoncer.

Clar. — Oui, oui. Vous supposez des pièces qui sont usées, et vous voulez en savoir le déchet.

Els. — Pour le coup les seuls poids de votre nomenclature ne répondront pas à toutes les exigences.

Clar. — Il est vrai que la pièce de un franc ne pesant pas 5 grammes peut en exiger au de là de 3. Et si elle en exige 4 et plus, tous les diminutifs n'y satisferont pas, car l'ensemble de cette menue grenaille ne fournit pas 0,54 de gramme.

Derb. — Est-il donc impossible de connaître le déchet de cette misérable pièce de 1 franc ?

Els — Ne vous inquiétez pas seulement pour cette pièce ; mais songez encore à celle de 2 francs qui ne pèsera qu'environ 9 grammes, et à celle de 5 francs qui en pèsera plus de 24 ou moins ; et généralement à tout ce qui balancera entre 4 et 9 au-dessus ou au-dessous des dixaines.

Agno. — Que j'ai pitié de vous, esprits inconsidérés ! Quand la pratique ordinaire est insuffisante, le génie commun ne doit-il pas y suppléer, en imaginant quelque moyen supplétif ? Dans les cas actuellement discutés, qui vous empêche de prendre le pre-

nier poids au-dessus du défaut, et faire une espèce
de soustraction par l'opposition du poids convenable.
Vous faut-il, par exemple, 4 grammes, prenez le
demi déca et mettez le gramme du côté de l'objet à
peser, agissez de même pour 9, pour 14,.. 19,..
24 et ainsi de suite ; et par cet artifice aisé, et quelques combinaisons moins longues à trouver qu'à déduire, il n'y aura dans les pesées aucune exigence
que vous ne puissiez remplir.

Els. — Votre observation lumineuse détruit en un
moment toutes mes vaines difficultés.

Derb. — Cependant je crois que le plus commode
serait d'avoir deux doubles grammes, deux doubles
déca,.. hecto, etc,

Fulv. — A dire vrai, ce n'est pas la manière de
peser qui nous manque ; ce sera plutôt la collection
des poids dont il faudra faire la dépense.

Belm. — Vous pouvez jusqu'à un certain point la
remplacer par des pièces de monnaie intactes. Sachant déjà qu'une pièce de 5 francs pèse 25 grammes,
vous jugez que quatre font un hecto, et dix fois
autant le kilogramme.

Fulv. — Ce serait des poids plus chers qu'au marché. Grand merci de la prévenance.

Agn. — La monnaie de cuivre peut vous servir au
même usage. Pour cet effet ce doit être assez de vous
avertir que la pièce de 5 centimes est le poids d'un
décagramme.

Clar. — Sur cette simple notion, Fulvie, je suis
persuadée que vous allez répondre à mes questions.
Que pèse le centime ?

Fulv. — Le cinquième de dix.. 2 grammes.

Clar. — La pièce de 10 centimes ?

Fulv. — Le double décagramme.

Clar. — Combien de pièces pareilles pour un hecto ?

Fulv. — Cinq.

Clar. — Combien pour le kilogramme ?

Fuly. — 5 fois 10.. cinquante.

Derb. — Cent simples sous pèsent donc le kilo. Combien de celle-là pour 50 grammes ?

Fuly. — Trois.

Derb. — Et pour 5 grammes et pour 15 et pour 25, etc. ?

Belm. — Les pièces de monnaie en cuivre ne peuvent répondre à ces sortes de nombres. Mais la pièce de 1 franc y pourvoie. Pesant 5 grammes, avec le sou elle en fait 15, avec le double sou 25. Vous prévoyez le reste; et les centimes remplissent les intervalles.

Fuly. — Cela n'est vraiment pas mauvais à savoir.

Derb. — En cas de besoin le litre plein d'eau très-froide et ses accompagnements ne pourraient-ils fournir des poids? je le pense, pour mon compte, je contrepèserais le vase, je l'emplirais du liquide bien conditionné et voilà encore des poids tout faits.

Els. — Pourrait-on savoir quelle espèce de vase vous emploieriez pour ces expériences ?

Derb. — Des bouteilles de la capacité requise en verre.

Belma. — Vos expériences pourraient bien n'être pas fort justes avec ces mesures de contenance.

Els. — A propos de ces mesures de contenance, je sais qu'il y en a d'autres, mais je ne les connais qu'imparfaitement, et je désirerais les connaître d'une manière plus complète.

Fely. — Je sais déjà bien, pour moi, qu'il y en a de longues et de courtes.

Clar. — C'est déjà un peu plus que rien.

Fuly. — Je sais aussi qu'il y en a de bien grandes en bois et de petites en étain, ou en fer blanc. Je les ai vu employer bien des fois.

Clar. — Vous avez sans doute remarqué à quelles différentes matières on les fait servir?

Fulv. — Avec les plus larges en bois se mesurent le froment, le seigle, toute espèce de blé.

Clar. — Ce sont les hectolitres.

Fulv. — D'autres moins grandes, en bois aussi, servent à mesurer les lentilles, beaucoup de pois, de fèves, beaucoup de.....

Clar. — C'est assez pour les décalitres.

Fulv. — Avec les petites en fer-blanc et larges comme longues, on mesure les petites quantités de haricots et d'autres denrées à peu près de même famille.

Clar. — Ce sont les litres pour le détail des matières sèches.

Belm. — Pour le détail des liquides les mesures sont ordinairement en étain et d'une hauteur double de la largeur. Ce sont des litres et des diminutifs du litre.

Fulv. — Je m'en doutais bien.

Belm. — Pourriez-vous dire le nombre de toutes ces mesures?

Fulv. — Je ne les ai pas comptées.

Derb. — Je ne les ai pas comptées non plus; mais il me semble que je les compterais bien sans les voir, en me guidant sur cette connaissance que leurs dixaines forment comme dans les poids des trio du simple avec son double et sa moitié.

Agn. — Observez cependant que ces mesures ne passent pas l'hectolitre et se bornent inférieurement au demi décilitre.

Derb. — Suivant cette observation, l'hectolitre n'a que deux mesures, et le décalitre, le litre et le décilitre en donnant chacun trois, 9 et 2 font onze pour la totalité.

Fulv. — Ce qu'il y a de bon à ces mesures là c'est qu'elles ne demandent pas de combinaisons comme les poids. Voulez-vous 4 litres? est-ce 9?

est-ce 14 ? Pour le premier cas, je mesure successivement deux doubles. Pour le second j'ajoute aux deux doubles le demi décalitre.....

Clar. — Ce ne doit pas être en cela que consiste l'avantage dont vous parlez, car on peut en faire autant avec les poids. C'est plutôt quand il s'agit de savoir la quantité de matière sèche ou liquide que renferme un vase.

Fulv. — Je n'entends pas trop ce que vous voulez dire.

Clar. — Les matières à peser ne peuvent pas toujours se diviser, inconvénient qui ne se rencontre pas dans les mesurages de contenance.

Els. — Voici comment j'entends tout cela. Si j'ai besoin de savoir ce qu'il me reste de liqueur dans ma cruche, j'emplis d'abord deux litres, je les débarrasse, j'en fais autant d'un litre. Si c'est trop d'un second, le demi litre est là. Je crois finir par le double décilitre et non ; c'est le demi décilitre qui termine l'épreuve. Ainsi tout en causant, ce que je voulais savoir je l'apprends au juste par cinq ou six divisions du liquide. Il en serait de même d'une matière sèche en décalitre et au dessous.

Fulv. — Ah ! m'y voici maintenant. Mais pour le poids exact, ne fut-ce que d'un carré de savon, j'aurais mal au cœur de le partager. Et une pièce de 5 francs, je la partagerais encore moins. Il est donc vrai, comme je voulais dire, que les contenances n'exigent pas comme les poids des combinaisons, qui ne laissent pas assez souvent que d'embarrasser.

Agn. — Mais si les contenances n'exigent pas de combinaisons pour les mesures, elles en exigent pour proportionner le prix des petites à celui des grandes, ou de celles-ci aux inférieures.

Fulv. — Que voulez-vous donc encore ? je croyais qu'il n'y eut plus rien à dire là-dessus.

Agn. — Quand vous vendez ou que vous achetez 25 francs un hectolitre de vin, à quel prix le litre?

Fulv. — Cela ne m'arrive pas; mais si cela se rencontrait, je prendrais la plume et je dirais: si tant donne tant, combien tant?

Belm. — Ce serait une nigauderie de s'y prendre de la sorte. Le litre doit faire le centième de 25 francs. Cela est tout clair. Ainsi 25 francs pour l'hecto, c'est 0,25 centimes pour le litre. Mais si le litre était de 35 centimes, combien l'hecto?

Fulv. — 35 francs.

Clar. — Ceci peut avoir son application dans tout ce qui va par cent. Le cent de fagots est-il à 30 francs? le fagot vaut, 0,30 centimes. Un cent d'œufs à 3 fr., à 4 fr. 50 centimes, combien l'œuf?

Els. — A 3 francs, c'est 0,03 l'œuf; mais à 4 f. 50 voilà 50 centimes qui me gênent.

Clar. — Ce qui est franc devient des centimes: 4 francs deviennent 0,04 centimes. Le 5 est demi centime. = à 0,25 centimes, à 0,40, à 0,55 le cent de noix, le prix d'une? combien de noix pour un sou?

Els. — Ces menus objets sont plus embarrassants que les gros.

Agn. — Le prix de l'hectolitre n'est pas toujours d'un compte rond de francs. Vous savez que l'hectolitre de vin est à peu près la moitié de la pièce.

Fulv. — Je suis étonnée que vous n'ayez pas parlé d'un double à l'hectolitre. Vous avez même dit qu'il n'existait pas.

Agno. — Il n'existe pas comme mesure représentative; mais il existe dans la pièce de vin et nous en parlons maintenant pour vous dire que le prix de la pièce n'étant pas d'un nombre pair de francs voilà une fraction pour l'hectolitre. Le double étant de 67 fr. combien le litre?

Belm. — Les deux hectolitres de grains étant de 5 fr. 50; combien l'hectolitre?

Derb. — Le litre d'une liqueur se vend 3 fr. 25 ; dire le prix d'un décilitre. — Le double de ce dernier se paie 0,65 centimes ; combien le demi litre et le demi décilitre ?

Agn. — Mêmes exercices pour les poids. Le kilogramme de tabac est de 8 francs ; combien 30 grammes ? combien 60 ?

Belm. — Quelle quantité pour 0 fr. 5 centimes... pour 0 fr. 25 ?

Clar. — J'ai eu 62 grammes 5 décigrammes de poivre pour 25 centimes ; à combien le kilogramme ?

Derb. — Tout ce qu'on sait du prix d'un myriagramme de riz c'est que 5 hecto se paient 0 fr. 40..... de vermicelle 0 fr. 45.

Agn. — Le kilogramme de viande se vend 0 fr. 75. On m'en a fait payer, pour une livraison, 0 fr. 60 ; quel poids m'en a-t-on livré ?

Belm. — La viande que j'ai achetée est à 0 fr. 80 le kilo. En recevant 1 fr. 55 on me dit qu'on me fait grâce de 1 centime. Que pèse ma livraison ?

Clar. — A moi on m'a cédé 6 centimes, quand j'ai donné 2 fr. 10 pour un morceau à 90 centimes le kilo. Savoir ce que j'ai ?

Derb. — Le café étant à 4 fr. 40 le kilo. J'en demande pour 0 fr. 25. On met sur la balance le demi hecto. Ai-je ce qui me revient ? Voilà dix fois que je suis servie de la même manière pour mes cinq sous.

Els. — Pour combien de tabac faut-il prendre dans le même détail, pour être sûr d'être le mieux servi ?

Agn. — Quelle valeur aurait perdue la pièce de monnaie d'argent, usée d'un gramme ?

FIN.

SAINTE-MÉNEHOULD, IMPRIMERIE DE POIGNÉE.